发酵床
生态养猪技术

江苏凤凰科学技术出版社 · 南京

图书在版编目(CIP)数据

发酵床生态养猪技术 / 顾洪如等著. -- 南京：江苏凤凰科学技术出版社，2024.9

ISBN 978-7-5713-3967-8

Ⅰ. ①发… Ⅱ. ①顾… Ⅲ. ①微生物—发酵—应用—养猪学 Ⅳ. ①S828

中国国家版本馆 CIP 数据核字(2024)第 024017 号

发酵床生态养猪技术

著　　者	顾洪如 等
责任编辑	张小平　王　天
责任校对	仲　敏
责任监制	刘文洋
责任设计	孙达铭
出版发行	江苏凤凰科学技术出版社
出版社地址	南京市湖南路1号A楼，邮编：210009
编读信箱	skkjzx@163.com
照　　排	江苏凤凰制版有限公司
印　　刷	南京新洲印刷有限公司
开　　本	890 mm×1 240 mm　1/32
印　　张	6.875
字　　数	150 000
插　　页	4
版　　次	2024年9月第1版
印　　次	2024年9月第1次印刷
标准书号	ISBN 978-7-5713-3967-8
定　　价	29.00元

著——者——名——单

顾洪如　江苏省农业科学院畜牧研究所原所长 研究员（前言，第1章，第7章，第8章）

冯国兴　江苏省农业科学院畜牧研究所 助理研究员（第1章，第6章）

李　健　江苏省农业科学院畜牧研究所 副研究员（第2章）

周忠凯　江苏省农业科学院设施与装备研究所 副研究员（第2章）

宦海琳　江苏省农业科学院畜牧研究所 副研究员（第3章）

张　霞　江苏省农业科学院畜牧研究所 副研究员（第3章，第7章，第8章）

朱洪龙　江苏省农业科学院畜牧研究所 副研究员（第4章，第5章）

刘蓓一　江苏省农业科学院畜牧研究所 副研究员（第4章）

潘孝青　江苏省农业科学院畜牧研究所 副研究员（第5章，第9章）

秦　枫　江苏省农业科学院畜牧研究所 副研究员（第5章）

杨　杰　江苏省农业科学院畜牧研究所 研究员（第6章）

华利忠　江苏省农业科学院兽医研究所，副研究员（第6章）

王小治　扬州大学资源与环境学院 教授（第7章）

罗　佳　江苏省农业科学院农业资源与环境研究所 研究员（第8章）

序

习近平总书记高度重视生态文明建设，提出山水林湖田草是一个生命共同体的论述，种养结合的生态农业是乡村振兴“产业兴旺、生态宜居”发展战略的重要技术支撑。当前种养结合农牧废弃物循环利用仍然存在很多问题，主要分为以下几个方面：

① 缺乏源头减量化技术，污染物产生量过大，增加了利用难度。

② 技术单一、缺乏多技术有效集成。秸秆利用局限于还田，还田质量和环境保护不能很好保证；粪污处理不能同时去除其中的污染物，不能系统地进行资源化利用。

③ 有机肥生产和使用成本高、产品附加值低。

④ 缺少种养结合接口技术等。

因此，如何有效处理、控制和利用这类农牧资源，建立高效生态种养循环系统，形成高效循环利用的关键技术，是目前迫切需要解决的课题。

以发酵床养猪为核心的种养循环系统，分为

三个部分：一是发酵床养猪系统；二是作物生产系统；三是种养结合的物质能量转化循环系统与技术。

一、发酵床养猪系统

发酵床养猪技术体系中，关键是如何使猪饲养过程中排泄的粪尿量与垫料的处理能力相当并保持平衡，其中垫料发酵的控制及垫料管理是核心。垫料发酵直接影响发酵床中猪粪尿的降解、物质转化和病原菌的防控。

微生物作为环境有机物的分解者和环境无机物的主要转化者，在环境污染物治理和生态环境修复中起关键作用。发酵床养猪是以功能微生物作为物质能量转换中枢的生态养殖技术，其技术关键在于利用功能微生物复合菌群，持续稳定地将动物粪尿进行降解。在发酵床中猪的粪尿被垫料中的细菌等微生物作为营养消化和降解。良好的发酵可以显著减少氨、硫化氢、甲烷、吲哚、3-甲基吲哚、氧化亚氮等臭味物质和温室气体的排放，使猪舍内无明显的异味感。熟化垫料清出后，可作为有机肥和基质资源化利用。

发酵床技术在粪尿处理等环境控制方面具有显著优势，在改善猪福利的同时，将养猪作为生物资源转化的过程，通过粪尿资源化利用，形成“资源—产品—再生资源”的循环高效清洁化生产过程。在这个体系中种养殖业生产中形成的废弃物如粪尿、秸秆、菌渣等作为资源都得到高效利用，废弃物向系统外的排放极少，真正形成种养循环的静脉产业。

二、 作物生产系统

作者团队研究了连接发酵床养猪的作物生产系统，即常见的水稻—小麦（或多花黑麦草）的水旱轮作和玉米—小麦的旱作。以施用化学氮为对照，发酵床产生的熟化垫料有机肥直接施用，施用量为熟化垫料替代 1/2 化学氮，稻、麦季施用量均为 1000 kg/亩，连续 3 年的试验结果表明：

① 有机肥直接施用替代 1/2 化学氮的施用量，稻麦及玉米的产量不降低或略有提高，稻麦籽实品质改善。

② 土壤肥力提高，施有机肥处理的土壤全氮含量、磷含量、有机质含量显著提高，土壤持续性生产能力提高。

③ 提高了氮肥的利用率，向环境释放的氮、磷显著减少。

④ 收获物除谷物外，秸秆、谷壳等全部作为发酵床垫料资源化利用。

三、 种养结合的物质能量转化循环系统与技术

在发酵床养猪循环高效生产体系中，养猪是

体系的核心环节，猪作为高效生物反应器，生产猪肉和垫料腐殖质产品；垫料腐殖质作为原料加工生产有机肥和基质，或作为食用菌的栽培基质。所有垫料、垫料加工产品、垫料利用后的残渣都可以作农用有机肥，应用于设施栽培、园艺蔬菜生产。而生产的粮食也可用作畜禽饲料，其他副产物如秸秆、菌渣等可作为发酵床垫料再利用。种养系统的副产物互为资源化利用。

（1）熟化垫料农田消纳能力　在稻麦轮作制度且单季施氮量为 15～20 kg/亩的条件下，熟化垫料 50%等氮量替代化学氮，保持稻麦产量不减，谷物品质改善。每亩耕地每年可消纳 8～10 头育肥猪产出的熟化垫料（粪尿），施用熟化垫料 2000 kg/亩（全氮含量 2%干基计，垫料含水量 50%计），这个用量和日本实施的堆肥施用基准相同，主要是考虑了有机肥中丰富的磷钾的有效平衡利用。

（2）养猪发酵床对稻麦秸秆的利用　养殖期间 1 头猪占用 2 m^2 发酵床，1 年饲养 2 批育肥猪；2 m^2 发酵床消纳 1 亩耕地收获的稻、麦秸秆（稻麦秸秆密实捆），同时消纳 2 头育肥猪的粪尿。通过发酵床技术使生猪饲养过程与农田产生的秸秆利用同步化，避免了猪粪尿和秸秆对环境造成的污染，实现了种养殖业高效循环利用。

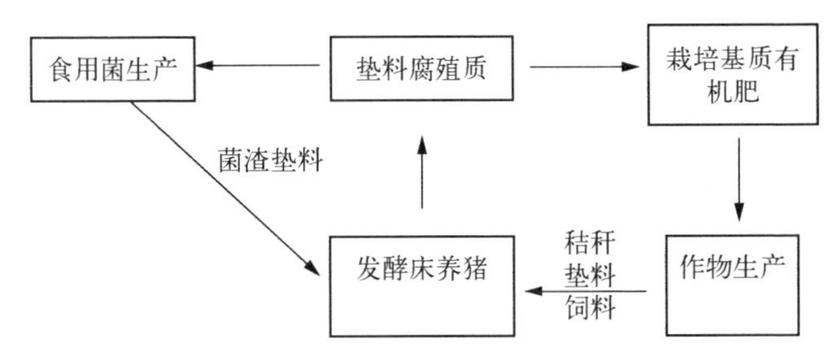

发酵床为核心的资源循环利用的种养系统

以稻麦秸秆密实捆为垫料的猪发酵床饲养技术，解决了秸秆的大量利用与养殖粪尿消纳高效处理的难题，熟化垫料基质和肥料化利用实现了种养系统物质能量转化循环。以畜禽粪尿和秸秆综合利用为纽带的种养结合技术、种养资源高效循环利用，实现了种养系统的废弃物资源化利用。

在 20 多年前我就提出“藏粮于地，藏粮于技”的观点，我认为以发酵床为核心的种养结合技术是实现上述观点的重要技术之一，符合中国特色未来农业发展的方向。高效种养结合关键技术还包括种植业结构优化的粮饲平衡技术、有机肥替代化肥的优质农产品生产技术、基于种养结合和畜禽肥育特性的饲料营养素高效利用、抗生素及药物减量及源头减量技术等许多方面，作者针对生猪中等规模养殖场户，在江苏省农业自主创新资金支持下，研发了节地、经济型标准化的养殖设施和以多样化基质开发与配套管理技术为核心的发酵床生态养猪等关键技术，并以发酵床养猪技术为核心的种养系统开展尝试，为符合南方区域特点的高效生态种养循环系统的构建，以及为现代生态农业、乡村振兴和新农村建设提供了技术支撑。

江苏省农业科学院原院长、研究员　严少华

前　言

为实现畜禽产品生产方式和增长方式的转变，提高畜禽产品的产量和质量，适应畜禽生产管理的省力化和降低成本的要求，同时为满足消费者对猪肉安全性提高的需求，建立一个环保健康的畜禽饲养技术体系迫在眉睫。另外随着人们生活水平的提高，公众对区域环境保护的呼声日益提高，以畜禽饲养引起的区域水环境污染为主的环境污染及恶臭等问题突出，需要畜禽饲养者承担起粪尿和恶臭处理等的环保责任。

以前找猪场不用靠眼睛，跟着嗅觉走就行，在几公里之外就能感受到猪场特有的“味道”，而采用发酵床养猪技术后即使走进猪圈与猪亲密接触也不会感到不适。发酵床养猪的猪场内外四季无臭味，氨气含量显著降低，在养殖环节提前消纳了污染物，实现了粪尿的零排放，猪圈变得卫生干净，饲养者的工作环境得到极大改善。

发酵床养猪实质上是利用微生物发酵技术在猪舍内原位处理粪尿等排泄物，从而实现养猪无污染和粪尿零排放的一种新的环保福利型养猪方式，符合环境友好型畜牧业特质，并且发酵床垫料可提供给猪以表达自然天性的场所，提高了动物饲养环境的丰富度。

发酵床养殖技术包括发酵床的建造、饲养、管理、维护等方面。其实发酵床养殖没有大家想象中的那么神秘和困难，或凭想象认为存在某些不可能解决的缺陷等，实践证明：发酵床养猪的成功率要远超传统的水泥地面饲养方式，猪抗病性得到提高，饲养管理变得简单容易。发酵床不仅可以养猪，还可用于养鸡、鸭等家禽。

发酵床养猪作为低成本的生态饲养管理方法受到瞩目。其原因是这种技术采用的薄膜大棚建设和维护管理较为容易。发酵床是在猪舍内将粪尿通过发酵而逐渐分解，可实现畜禽生产成本的降低和清粪作业等的省力化。江苏虽属南方温暖地区，但夏冬季气温变化大，夏季高温闷热，冬季湿冷，许多人担心发酵床的适应性。如在冬季寒冷环境下，饲养密度大、低温易使发酵停滞，并使发酵床泥泞化，以及舍内环境恶化；而夏季发酵床舍内高温会引起猪只不适应，发育停滞或产生寄生虫感染。因此研究探讨垫料的选择、发酵床的调制和管理方法、猪群饲养管理及寄生虫防除等技术尤为重要。除了饲养育肥猪，后备母猪和妊娠猪的饲养管理也可采用发酵床技术，以实现养猪全过程的清洁化。

为深入研究相关技术问题，江苏省农业科学

院畜牧研究所等单位于2010—2017年期间，承担了以发酵床养猪为主的江苏省农业自主创新资金项目“猪生态规模饲养关键技术的研究与示范”，使发酵床养猪关键技术系统化和实用化，并在生产上得到示范和推广。本书由9章构成，涉及发酵床养猪原理、发酵床猪舍内环境控制、发酵床垫料中微生物组成与功能、发酵床饲养猪的生长性能、发酵床饲养猪的行为特征、发酵床猪的饲养管理、发酵床养猪对环境影响与生物安全、发酵床熟化垫料的肥料化利用及异位发酵床粪尿处理技术等方面。书中的数据来源主要是项目实施的实验结果，同时也参考了其他研究者的部分结果，未注明处疏忽难免，敬请谅解。

顾洪如

2023年5月

目　录

第 1 章　发酵床养猪的原理

发酵床养猪又叫生态养猪、生物床养猪等。我国古代就有使用厚垫料养猪的习俗，利用垫料的物理吸附作用吸附粪尿，加上相关功能微生物的作用，使粪尿迅速分解，减少臭味的产生，并将使用后的熟化垫料进行堆肥用作有机肥。

小贴士

发酵床养猪简单地说，就是在猪舍内铺上厚垫料，在垫料上养猪，粪尿和垫料混合发酵，猪生长管理和粪尿处理同时在畜舍内完成的饲养方式（彩图 1－1）。使用的垫料为木屑、稻壳、棉杆粉，椰壳粉、花生壳粉等其中一种或几种混合物。猪生活在厚达 60～80 cm 的发酵垫料上，利用垫料中的微生物作用和垫料本身的吸附作用，把猪排泄出来的粪尿进行原位分解。与此同时，发酵床提供了猪探究、戏耍等需求，改善了猪的福利，减少了应激的发生，提高了猪的非特异性免疫功能，增强了猪的抗病能力。

由于猪粪尿都在垫料上被吸附并分解，发酵床养殖猪舍不会因排放粪尿而影响环境，几乎没有臭味，可实现零排放、零污染的环保目标。

第一节　发酵床养猪的特点

日本最早于 1970 年以锯木屑作为垫料建立了第一个发酵床养猪

系统。1985 年加拿大 BioTech 公司推出以秸秆为深层垫料、以木材作围栏的发酵床养猪系统。此后，韩国、荷兰、美国和巴西等国学者根据当地的气候条件对发酵床养猪系统进行改进并推广应用。我国于 20 世纪 90 年代在部分省市开展了发酵床养殖技术的试验示范。

发酵床养猪最大的优势是在养猪的同时处理了令人烦恼的粪尿，减少了猪应激反应，降低了疫病控制的风险；降低了养殖者的劳动强度，改善了饲养和工作环境。

一、 省料、省水、省工

以饲养肉猪为例，每头猪 15～100 kg 的饲养过程能节省约 20 kg 的全价饲料，节约用水 80%～90%，加上冬季取暖费、药费等，每头猪可以节约综合成本 60 元左右。

清粪作业的省力化。发酵床养猪不需要用水冲洗圈舍，仅需满足猪饮水即可，所以较传统集约化养猪可节省用水。在发酵床的使用过程中，通过有益菌的作用分解猪的粪尿。猪通过拱翻运动，抗病性增强、消化利用率提高，可节省精饲料 10%左右。猪场不需要清粪，饲养人员仅需保证及时喂料、管理垫料，一个劳力批次饲养可达到 400～500 头育肥猪。同时堆肥规模小，不需要污水净化设施，不会污染环境。

二、 提高抗病性，改善猪肉品质

发酵床养猪恢复了猪拱翻等探究的生物习性，促使猪自由地拱翻垫料、玩耍，而争斗、咬尾等应激行为显著减少，猪抗病性增强，不易或很少生病，特别是呼吸道疾病、消化道疾病、皮肤病等的发病率较传统集约化饲养大幅下降。发酵床饲养的猪增重快，肉质风味好。减少了抗生素和抗菌药物的使用，提高了畜产品的安全性。

三、增加养殖效益

发酵床畜舍不需要特别设施。养猪可用简易塑料大棚畜舍，降低畜舍建设成本。发酵床养猪相对传统集约养猪可增加收入约100元/头。使用后的发酵床垫料可生产优质有机肥或栽培基质，通过出售取得收益，另外优质、安全、放心的肉产品可显著提高市场的竞争性。

四、无污染零排放

规模猪场产生大量粪尿，猪产生的尿量比粪多约1倍(表1-1)。

表1-1 猪体重和排泄量的关系

	体重/kg	1头猪日排泄量/kg		
		粪	尿	合计
育肥猪(大)	90	2.3～3.2(2.7)	3.0～7.0(5.0)	5.3～10.2(7.7)
育肥猪(中)	60	1.9～2.7(2.3)	2.0～5.0(3.5)	3.9～7.7(5.8)
育肥猪(小)	30	1.1～1.6(1.3)	1.0～3.0(2.0)	2.1～4.6(3.3)
能繁母猪	230(160～300)	2.1～2.8(2.4)	4.0～7.0(5.5)	6.1～9.8(7.9)
泌乳母猪		2.5～4.2(3.3)	4.0～7.0(5.5)	6.5～11.2(8.8)
公猪	250(200～300)	2.0～3.0(2.5)	4.0～7.0(5.5)	6.0～10.0(8.0)

传统养猪场的粪尿未有效利用，以及产生的恶臭一直是困扰猪场周边环境的重要问题，在猪场几公里之外就能感受到猪场特有的恶臭气息。发酵床养猪在养殖环节提前消纳了粪尿，实现了粪尿的零排放，显著减少了氨、硫化氢和吲哚等臭味物质的产生和挥发。猪圈卫生干净，无臭味，养殖者的工作环境得到了极大改善。在冬季危害动物呼吸系统最大的氨气，在发酵床中产生量也很少。

由于垫料经数月使用，需要补充新的木屑。同时也可将垫料的一部分从猪舍中取出，制成堆肥使用。腐熟堆肥作为有机肥可广泛用于农作物生产，实现种养结合。有排水限制的地方更应该建设发酵床猪场。

五、改善动物福利

发酵床养猪改善了动物福利。和人类一样，动物也有心理上的需要，生活在野外自然环境中，猪心理上的需要具体表现为拱地、啃泥、刨树根草皮、戏耍等。猪栏或地面不结实时，往往被猪拱烂或拱翻，都是猪自然习性的表现(彩图 1－2)。

猪的应激行为会给养殖者带来各种麻烦，如猪病、生长速度放慢、饲料消耗增加、仔猪断奶应激综合征等，都是养殖者头痛的问题。

发酵床养猪提供了一个让猪拱地、拱料和戏耍的自然环境。猪住得舒坦，又能玩耍，机体健康，自然而然发病就少得多。特别是仔猪离开母猪断奶的阶段，如断奶应激综合征显著减轻。在水泥地面上饲养的猪移到发酵床上，疾病也明显减少。猪生长加快，饲料消耗自然下降。特别是在冬季，发酵床减少了冷应激，从而保证了猪的稳定生长。

第二节　发酵床的原理

要点提示

没有接触过发酵床的人往往对发酵床中粪尿的去向有疑问：猪饲养在发酵床上，所有粪尿都排泄在上面，看起来又脏又不卫生，1 头育肥猪产生近 1 t 的粪尿，几个月后猪出栏时，猪圈中的垫料不仅没有增高，反而还降低了，粪尿哪儿去了呢？

在维持一定湿度和有效管理的发酵床中，猪排泄的尿液会慢慢渗入到垫料的发酵层，而粪便则通过猪的拱翻、人为的翻拌等措施进入垫料中。进入垫料发酵层的粪尿首先迅速被垫料吸附和分散，与垫料中的微生物接触和混合后，占极大数量优势的微生物马上启动生长，分泌胞外酶、有机酸等物质，分解粪尿和垫料，代谢产气和产热，水分因垫料发酵热和空气对流而挥发。

猪粪尿在发酵床中因好气性发酵被分解，产生二氧化碳（CO_2）、水和氮气。发酵床中有相当于粪尿量 5～10 倍的垫料，好氧发酵使粪便中未被猪消化的营养物质在猪舍被原位分解。因垫料是多孔性物质，吸附性极强，故粪尿分解后少量剩余物仍残留在垫料中。

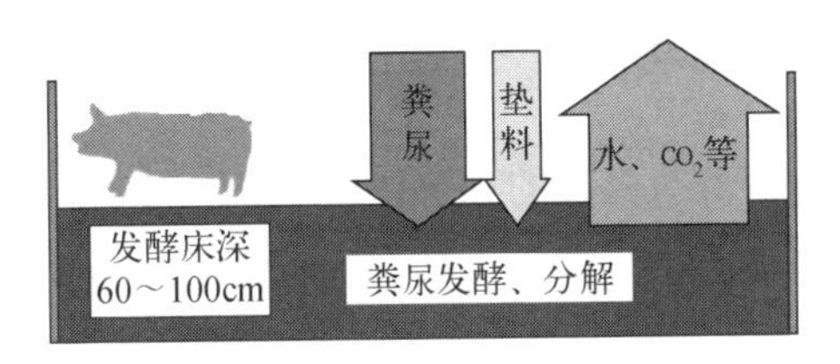

图 1－1　发酵床养猪的原理

一、垫料的作用

发酵床垫料主要由木屑、稻壳等纤维类物质组成，这些物料的最大特点是纤维含量高，具多孔性，吸附力强，不容易腐烂。垫料可以大量吸附猪的粪尿，通过猪的拱翻作用和人工作业管理，垫料中的微生物将粪尿分解。除了垫料的物理吸附作用除臭外，微生物的除臭作用也很关键。

发酵床垫料分为覆盖层、功能发酵层和厌氧层。

发酵床最表层是覆盖层，厚 10 cm 左右。覆盖层起缓冲的作用，让猪尿缓慢流入发酵层，而猪粪则留在覆盖层表部，由猪的拱翻或人工翻耙进入发酵层。

功能发酵层是覆盖层下 20～30 cm 的中间垫料层。功能发酵层是兼性厌氧层，是对猪粪尿进行发酵的主要部分。功能发酵层由于少量空气的存在，发酵产热比较活跃，是同化尿酸、尿氮的主要地方，乳酸菌、酵母菌、真菌等都比较活跃。由于有上层垫料的覆盖，温度和湿度条件相对稳定，有利于发酵进行。

最底部是厌氧层，厚约 20 cm。主要用于截留功能发酵层的多余尿液，在开放式发酵床尤为重要。

在实践过程中，需要经常保持垫料的通气性和疏松性，以利于粪尿分散和消解，如果出现板结，应及时进行垫料管理。

二、 微生物的功能

有益微生物菌群对粪尿的分解作用，是发酵床养猪技术的关键。

发酵床垫料中微生物主要由细菌、真菌和放线菌群落构成。郑雪芳等研究表明，发酵床中细菌分布数量最大，在各使用时间和层次的分布量均达到 10^7 cfu/g 数量级以上，放线菌分布数量次之，真菌分布数量最小；细菌的分布数量呈现随着垫料使用时间的增加先上升后下降的趋势，而真菌和放线菌分布量随着垫料使用时间的增加而减少。

发酵床垫料组成是影响发酵床微生物区系的重要因素。

许多研究表明，发酵床的基质垫层能形成以有益微生物为优势菌群的生物保护屏障，能阻止有害微生物的侵入，对致病菌的定殖产生抑制作用，降低生猪疫病的发生。通过微生物发酵，发酵床垫料里层温度高达 60～70 ℃，能够杀灭或抑制细菌、病毒繁殖，垫料中大肠杆菌和沙门氏菌等病原得到显著的抑制，从而有利于猪健康生长。

三、发酵床恒温的原理

有人认为，发酵床养猪不适合南方推广，因为南方夏天气温高，猪会中暑，而在北方可以保温过冬。

发酵床垫料预处理发酵时会产生高温，并释放大量发酵热，但此期间猪还未进入发酵床中。

猪入栏后，发酵床通过发酵分解粪便并产生一定的发酵热。发酵床养猪过程中，微生物主要是利用粪尿中的能量产热，维持垫料的温度。实践中垫料的温度升高并不明显，只是中间发酵层的垫料在使用1个月后会一直维持在25～40 ℃，3个月后基本维持在25～30 ℃，受外界环境的影响，表层则有很大变化，大约在25 ℃以下。

冬天猪舍需要保温。发酵床中垫料不断产生发酵热，可以保持发酵床恒温在16～30 ℃。在发酵床中的猪可以自行调节适合自己的温度，当气温较低时，猪会在垫料拱出1条适合自己垫料沟，并睡在温暖的垫料沟中。传统水冲圈养猪每增重1 kg需要多花费15%的饲料用于冷应激的体热消耗，而发酵床养猪则可节省环境加温费用。

小贴士

屋顶天窗结合排风扇是最佳降温方案。屋顶设置天窗式的布局，有利于解决夏天闷热与空气流通问题。当发酵床内温度接近或高于室内外温度时，热空气上升，冷空气下降或从周边注入，有条件的猪舍还有机械协助通风，使空气形成对流，避免闷热潮湿。发酵床内部发酵温度和外部表层温度随季节、气候的变动幅度很小，能起到冬暖夏凉的效果。

林营志等研究分析了发酵床大栏猪舍环境参数在夏季高温季节的动态变化，结果表明：室内均温 29.3 ℃，垫料内层(20 cm)平均温度为 40.5 ℃，室内平均空气相对湿度 78.0%。由于猪舍通风能力强，辅以降温设备，室内均温不超过 30 ℃，符合生猪生长要求。室内温度与垫料内层(20 cm)温度呈显著正相关，室温与室内空气相对湿度呈显著负相关。

发酵床垫料表层温度的控制在猪养殖过程中极为重要。研究表明，发酵床在夏季高温季节能保持相对稳定，在周围环境温度升高时能够自我调节，使发酵床垫料表层温度不至于剧烈变化。刘波等对发酵床猪舍内部各个区域及其外部环境的表层温度进行测量分析，结果表明：猪舍内发酵床垫料区域 30.1 ℃，与舍外 35.3 ℃存在显著差异。

在一定的养殖密度范围内，排泄区和非排泄区的垫料表层温度无显著差异。随着养殖密度的增加，排泄区的温度比非排泄区显著增加，因此控制合理养猪密度有利于保持发酵床垫料表层温度的稳定。

第 2 章　发酵床猪舍与内环境控制

第一节　发酵床猪舍的特点

一、发酵床猪舍与水泥地面猪舍的差别

（一）粪污处理方式的差别

传统水泥地面猪舍通过干清粪、水冲清粪的方式进行猪舍粪尿污染物的清理，再通过氧化塘、堆肥、沼气发酵等方式完成猪粪污的处理。而发酵床猪舍既是养猪舍，又是猪粪尿的发酵降解场所，通过对发酵床床体的管理，实现对猪粪污的原位降解。

（二）猪舍管理内容的差别

传统水泥地猪舍饲养管理的主要内容为饲喂和粪污清理，而发酵床猪舍饲养管理的主要内容为饲喂和垫料管理，而垫料管理的好坏直接影响猪群的健康状况和生产性能。

（三）发酵床猪舍环境特点

猪舍环境因子包括温度、湿度、扬尘、有害气体等。由于发酵床猪舍在养猪同时还承担猪粪尿的发酵降解过程，所以猪舍内环境因子存

在明显差异。

1. 温度

体感温度和空气温度。由于发酵床猪舍垫料始终处于有氧发酵产热过程，会造成猪舍猪体接触垫料表面温度和猪舍空气温度相对传统水泥地面猪舍较高，形成温热环境。冬季有利于提升发酵床猪舍猪群的体感温度和空气温度，避免冷应急，但在夏季高温季节降温措施不到位则会引起猪群热应激。刘振等对夏季发酵床猪舍进行测定，猪舍气温 29～32 ℃，发酵床床体温度在 31～37 ℃，不利于猪群生产性能的发挥。

2. 湿度

分为猪舍空气相对湿度和接触面湿度。猪群粪尿在发酵床垫料发酵热的作用下蒸发，导致发酵床猪舍内空气湿度显著高于外界环境。由于发酵床发酵热效应的作用，导致猪体接触的垫料表层始终保持干燥状态，较传统湿滑的水泥地面，其地面舒适性和卫生程度更佳。研究表明，发酵床养猪由于发酵热蒸发床内水分，垫料处额外的水汽产生量达到 0.198 ± 0.010 g/(min · m^2)，故换气量要求比普通猪舍要求更加严格。

3. 扬尘

猪舍扬尘中 PM_{10} 为气溶胶主要成分，在动物聚集区主要为微生物气溶胶(microbial aerosol)，为病毒、细菌、放线菌、立克次体等的载体，PM_{10} 长期飘浮在空气中，可随呼吸进入机体的肺部和上、下呼吸道，对动物健康影响较大，畜舍微生物气溶胶是病原微生物的储存场所。故监测畜舍内 PM_{10} 浓度对预防疾病和保护环境具有双重意义。

小贴士

发酵床离散型垫料(木屑、稻壳等)的使用和发酵颗粒化作用，导致发酵床猪舍具有产尘的特点，在垫料湿度偏低时，猪在发酵床床体上活动时会产生大量粉尘。有研究表明，PM_{10} 浓度最高值均为猪活动时产生，其浓度达到 0.441±0.025 mg/m^3。

4. 氨气(NH_3)等有害气体排放显著减少

由于发酵床猪舍垫料发酵主要以好氧发酵为主，抑制了还原性恶臭气体的产生，NH_3、硫化氢(H_2S)气体产生量明显降低，但是其舍内 CO_2 平均排放通量显著高于传统水泥地面猪舍，是传统猪舍的 1.4 倍，提示在同等通风条件下发酵床猪舍空气 CO_2 浓度更高。

由于发酵床猪舍还具有猪粪尿排泄物的发酵降解功能，也会额外产生热量、水汽、扬尘和 CO_2 气体。

二、发酵床猪舍结构概述

(一) 发酵床猪舍形式

发酵床猪舍形式宜为开放式猪舍或半封闭猪舍。

1. 开放式猪舍

猪舍顶部设单侧气楼和双侧气楼(钟楼式)。新鲜的空气由猪舍两侧墙面窗洞进入，热的有害气体由气楼排出。单侧气楼注意朝向，要背向冬季主导风向，避免冬季寒风倒灌。双侧气楼是利用穿堂风将舍内有害气体带出舍外。四面无墙或无遮盖物的猪舍，通风透光好，建筑简单，节省材料，舍内有害气体容易排出。但由于猪舍不封闭，保温性能不好，猪舍内温度受环境气温影响大，较适合南方炎热地区用作育肥猪舍。

2. 半封闭猪舍

无墙或半截墙猪舍，在无墙面安装可收放的开合卷帘，可根据温度、湿度、风速灵活调节。其具有封闭猪舍和开放猪舍的特性，比较适合冬夏温差较大的地区。

3. 塑料大棚猪舍

采用钢架结构，覆以塑料薄膜和遮阳、保温隔热材料构建的大棚猪舍。猪舍两侧设置卷帘，根据猪舍通风降温需要开合。猪舍采光、通风、保温性能好，具有投资少、见效快、建造简易等特点。

（二）发酵床床体类型

发酵床床体多为半地下式或地上式。

1. 半地下式

发酵床床体施工需要综合考虑地下水位和垫料保温因素，构建发酵床床体部分位于地下，部分位于地上，垫料池四周设置砖砌墙体，形成垫料池。

半地下式发酵床减小了发酵床垫料池开挖的成本，同时垫料池高于地面，减少了外界雨水和地下水对垫料湿度的影响，延长了垫料使用寿命；但半地下式发酵床施工成本仍较高，同时不利于垫料管理机械的进出作业。

2. 地上式

发酵床床体位于地表线以上，垫料池四周采用砖砌墙体，形成垫料池。地上式猪舍垫料池处于高燥环境中，不受雨水和地下水的影响;有利于提高猪舍结构通风降温效果;同时,促进垫料水分的蒸发,使发酵床保持较好的发酵环境。

三、发酵床猪舍设计建造原则

(一)内环境控制

发酵床猪舍提供的垫料环境满足了猪的翻拱习性,但是发酵降解过程中产生了额外的热量、水汽、扬尘和 CO_2 气体,需要在发酵床猪舍建造过程中做好通风、降尘、除湿设施的设计构建。

(二)管理作业省力化

发酵床猪舍的管理重点是垫料管理,垫料管理要根据猪群的生长阶段、粪尿产生量、垫料温湿度情况、季节气候等情况进行及时的添加、翻耙和更换等管理。单靠人工工作量太大,所以在构建发酵床猪舍及其内设机构时要充分设计机械化的垫料填装、翻耙、添加结构和通道,做到机械化垫料管理的无障碍化;为了控制和提高发酵床底层垫料的粪尿发酵效率,提高发酵床垫料发酵均匀性,需要构建底部充气发酵设施。

(三)因地制宜、经济实用

我国幅员辽阔,各地的自然气候及地区条件不同,对猪舍的建筑要求也各有差异。雨量多、气候炎热的地区主要应注意防暑降温;高燥寒冷的地区应考虑防寒保温,力求做到冬暖夏凉。要根据当地地理、气候特点设计适合当地的发酵床猪舍及其内设结构。

采用发酵床技术养猪可以在原建猪舍的基础上科学规划改造,也可以采用成本低,建设快的温室大棚。

第二节 新型发酵床猪舍及内设结构

要点提示

著者研究设计了新型发酵床猪舍及内设结构，包括：育肥猪舍、传统猪舍改造方案结构（薄垫料发酵床猪舍），繁育猪舍（限位栏发酵床母猪舍、发酵床产仔舍）及其内设结构。其中种公猪和妊娠母猪由于饲养周期长，需定期驱虫。发酵床饲养管理不当易造成寄生虫重复感染，影响种猪繁育性能，不建议采用发酵床饲养。

一、经济型发酵床大棚猪舍

现有的猪舍多采用砖混或钢结构，建造周期长、成本高，同时存在采光、通风降温效果差等问题。由于猪圈地面都采用水泥地面，水冲圈粪尿处理成本高，对环境影响大。发酵床大棚猪舍则从猪舍结构、温度、湿度、扬尘内环境因子控制等多方面进行设计，建设运行成本低，低碳环保，效果好。

（一）单列式经济型大棚猪舍

单列式经济型大棚猪舍采用镀锌钢管大棚结构，宽度大于 8 m、高度大于 4 m，大棚表面内层覆盖具有防雾滴、隔热性能的塑料透光膜，距离地面 1.5 m 以上的大棚屋面及山墙墙面透光膜表面再覆盖黑色遮阳网遮蔽强光；猪舍大棚两侧墙体底部设高度 1.2～1.8 m 的可启闭通风口，通过卷膜器调节塑料透光膜的开合高度，控制两侧的通风面积；大棚顶部设有方向向南的可开合通气天窗，通过传动装置开合;两端山墙中间距地面 50 cm 高度设置风扇,向舍内送风;山墙近边部设置舍门用于进出。大棚猪舍结构见彩图 2-1。

大棚顶部可开合天窗可最大限度打开,和猪舍两侧通风口形成自下而上的空气流通,更利于舍内热空气快速上升排出;天窗关闭时可和大棚屋面形成完整流线型结构,最大限度降低风阻系数。

猪舍大棚顶部设置屋面喷淋装置,在猪舍大棚顶部中线位置铺设安装滴灌管,通过加压泵将低于气温的自来水、深井水直接喷淋于猪舍屋面,从而隔离了舍外热量向舍内传导,同时不会增加舍内的湿度,使猪舍大棚内更加凉爽。

大棚猪舍和设施大棚一样,有易被强风吹坏的缺点。建设时要注意当地季节强风的风向,特别是山墙面不要面向强风。

(二)发酵床大棚猪舍内设结构

猪舍内设结构,如彩图 2-2 所示。

大棚猪圈睡台上方设置中压雾化喷淋系统;向阳侧设发酵床,发酵床对侧铺设水泥预制板睡台,睡台上放置供猪采食用的自动给料料箱;在发酵床侧围栏外沿设置猪用鸭嘴饮水器,其下设能将残余水导出舍外的接水槽,防止发酵床垫料过于潮湿。

1. 发酵床垫料池

发酵床垫料池深度 40～80 cm,发酵床垫料池底面用泥土夯实。或用水泥固化。

发酵床垫料池相对于地面的位置,分为地上式和半地下式。发酵床垫料池底面由于需要频繁进行垫料更换等作业,可用混凝土固化,或预先用干砂土铺平以便于作业。用干砂土铺平后,上面要铺防水布或薄膜,或用混凝土固化封闭。为防止雨水进入发酵床猪舍,猪舍外设置排水沟,以避免降水流(渗)入垫料池。排水沟为 30～40 cm 宽幅浅沟。

（1）地上式　在地面上直接建垫料池。由于地上式垫料池处于高燥环节中，不受雨水和地下水的影响；有利于提高猪舍结构通风降温效果；同时，促进垫料的水分蒸发，使发酵床保持较好的发酵环境（彩图 2－3）。

（2）半地下式　发酵床床体施工综合考虑地下水位和垫料保温因素，构建发酵床床体部分位于地下，部分位于地上，垫料池四周设置砖砌墙体，形成垫料池。池入地 30～40 cm（南方浅，北方深），但半地下式不适合在地下水位高、降水较多的地方，否则床底要作防水处理，防止地下水渗入床内（彩图 2－4）。半地下式发酵床减少了发酵床垫料池开挖的成本，但不利于垫料管理机械的进出作业。

2. 围板和栏高

发酵床饲养的猪肢蹄健壮，为防脱栏，栅栏高 90～100 cm 是必要的。垫料池围板用预制混凝土板，或选用方便管理作业、牢固且猪不易咬坏的工程塑料等材料。

3. 通气及换气

发酵床猪舍通常密封性差，密闭状态下通气不足。为使冬季也能调节通气，要在猪舍两侧设置能卷起来的卷帘。夏季为防止猪舍里面的温度上升，要尽可能保持通风，因此做成全开放结构。另外，在较长的猪舍通风差时，要在山墙端面设置排风扇强制通风（彩图 2－5）。

据试验，发酵床猪舍冬季的 NH_3 浓度比普通猪舍低，猪舍冬季完全密闭的话，氨浓度上升，需要卷帘通风。

4. 饮水器

夏季猪饮水量显著增加，每头猪每天要饮用 10 L 以上的水，要确保充足供水。饮水器用鸭嘴式，为避免竞争，要设置多个。自由采食条件下，每 10 头猪设置 1 个饮水器。

为防止因洒落水引起的发酵床泥泞化，或洒落水淋湿发酵床，同时为降温而蹲坐的猪会妨碍其他猪饮水，饮水器要设置在食槽的相反侧的猪舍外，在饮水器的下方设置接水槽，防止洒落水流入发酵床(彩图2-6)。

5. 雾化喷淋系统

和传统猪舍一样，夏季发酵床猪舍在7—9月间会出现30 ℃以上高温。同时，大棚猪舍因日晒，会出现急速的温度上升，为防止猪会出现中暑症状，要在猪舍设置雾化喷淋及通气扇。

猪圈上方设置大棚内部中压雾化喷淋系统主要用于降低夏季猪舍温度、调节发酵床垫料湿度、消除发酵床扬尘，同时可用于向发酵床垫料中喷洒补充有益菌种。其结构上由时间开关控制系统、水箱、加压水泵、耐压水管、雾化喷头、储压管构成。

中压雾化喷淋系统加压水泵以“开动5秒—关闭60秒”循环工作。在实际使用中，可以根据需要调节时间开关控制系统，控制水泵工作时间、喷雾持续时间和间隔周期。对猪舍降温、除尘效果更好，垫料加湿更均匀。

6. 发酵床垫料充气发酵系统

系统由鼓风机、连接管、发酵床底部充气主管道、发酵床底部充气支管道构成，其充气主管道、支管道设于发酵床垫料池底部管道沟内。

发酵床底部充气发酵系统一般情况下用于改善垫料透气性，促进发酵床中、下层垫料的有氧发酵，抑制厌氧发酵，减少甲烷(CH_4)、一氧化二氮(N_2O)等温室气体的产生；但在春、秋、冬季，为了提高单位面积发酵床猪舍的载畜量以及猪舍采暖需要，可延长系统的工作时间，加快垫料中猪舍排泄物的有氧发酵速度以及产热速度。

7. 睡台和食槽

发酵床产生发酵热，冬季保温效果好。但由于南方夏季暑热，要设置水泥睡台。为防止垫料混入食槽，食槽放置在混凝土睡台上。混凝土睡台宽为 1.5～1.8 m，猪在睡台上采食。睡台可用预制的混凝土板（彩图 2－7），为防止猪拱动，食槽要固定牢。夏季水泥预制板睡台相对凉爽，猪只会选择躺在其上休息，通过热传导散热降温。

有条件的可在睡台上设置自动食槽，让猪自由采食，在食槽的相反侧（猪舍两侧）设置饮水器，促使猪多运动，以利于拱翻垫料，培养不固定排粪尿的习惯，使猪排泄的粪尿尽可能均匀地分布于垫料上，减少人工管理垫料的工作量。同时也可以在猪栏中放置玩具，废旧轮胎等，让猪玩耍，以增加拱翻垫料、不固定排粪的机会。

8. 售猪台

售猪台使用方便与否，对进出猪等作业时很重要，通常不被重视。固定式售猪台应比搬运的卡车箱底高 10～20 cm，以方便作业。升降式售猪台则灵活方便使用（彩图 2－8）。

小贴士

大棚猪舍可用改进的设施塑料大棚，综合建设成本低。或利用改造已有设施，如改良利用鸡舍、牛舍等。同时发酵床大棚猪舍具有建设周期短，建设成本低的特点。猪舍采用大棚结构建造，建造时间短。由于猪舍内设只有过道、猪圈内平台和发酵床垫料池，垫料池四周护坡为水泥预制板，整个猪舍造价（2015 年）在 150 元/m^2 以内。

发酵床设计和管理用参数，见表 2－1，供参考。

表2-1　发酵床设计和管理用参数

项目	单位	季节	
		夏季	冬季
发酵床面积(不含睡台)	m^2/头	1.2	1.4
垫料深	cm	60	60
水泥睡台面积	m^2/头	0.3	0.3
木屑用量	m^3/头	0.32	0.36
出栏时垫料清出量	m^3/头	0.76	0.88
产生堆肥量	m^3/头	0.36	0.38
垫料发酵天数	d	14	21
堆肥舍面积	m^2/头	0.19	0.22

（三）发酵床大棚猪舍的运行

夏季，通常猪舍两侧通风口保持开放，使猪舍大棚内形成凉亭效应。晴好天气气温低于30 ℃时，猪舍两侧通风口和顶部天窗完全打开，猪舍屋面覆盖的黑色遮阳网加热了猪舍顶部空气，形成黑袍效应，热空气自顶部天窗排出，猪舍下部较低温度空气自两侧通风口流入，形成自下而上的空气流通，即可满足猪舍内猪群的通风降温需求。

通过控制两侧卷帘高度调节风速。当气温高于30 ℃时，保持顶部天窗完全打开，调节两侧通风口卷膜器向下放膜至通风口高度1/2～1/3处，此时猪舍上下通风口垂直落差加大，猪舍两侧通风面积减少，烟囱效应更加明显，两侧通风口向猪舍内吸入的气流速度加快，且由于两侧通风口流入气流位置降低，更接近舍内猪群所在水平面，气流更多从猪群平面吹过，保证了猪群所在区域的相对干燥凉爽；当舍内温高于34 ℃时，猪舍内部设置于猪圈上方的中压雾化喷淋系统工作，产生雾化水滴，与此同时，猪舍两侧山墙风扇启动向舍内送风，促进水滴在空气中、圈舍内地面和猪体表面气化吸热，起到降温的作用。这种气流的流动使猪感到更舒适。

塑料大棚猪舍的屋顶须用遮阳网覆盖，膜可选用铝箔膜、银色膜等。

猪舍大棚顶部的屋面喷淋装置启动，向屋面均匀喷淋水，从而隔离了舍外热量向舍内传导，水分蒸发带走热量，这种降温结构不会增加舍内的湿度，使猪舍大棚内更加凉爽(屋面喷淋详见图 2－1)

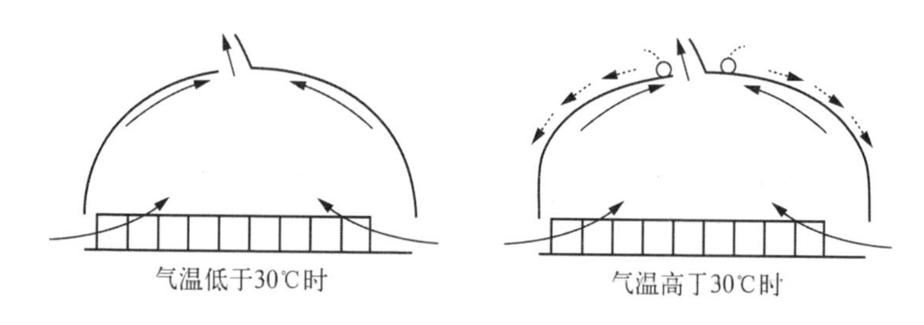

图 2－1　大棚猪舍自然通风及屋面喷淋降温原理

冬季寒冷天气，猪舍两侧通风口和顶部天窗闭合，减少热量的散失；冬季阳光透过大棚未覆盖遮阳网部分的塑料透光膜照射进舍内促进舍温上升；由于发酵床垫料的发酵升温，猪只更愿意躺在发酵床上休息，通过热传导保温取暖，辅以发酵床底部充气发酵系统的作用，发酵床垫料有氧发酵更加旺盛，更有利于冬季舍温的提高。

(四) 发酵床大棚猪舍使用效果

著者还对发酵床猪舍大棚高度、饮水器位置、雾化喷淋系统位置、屋面遮阳网高度、两侧卷帘高度管理等多方面进行使用效果评价。

1. 大棚式猪舍内环境温湿度

著者等测定了夏季 2 种不同结构屋顶猪舍内环境温湿度变化。猪舍 a 为高度 4.2 m 的顶部活动天窗的猪舍大棚，猪舍 b 为采用南向屋顶错开形成天窗(钟楼式)大棚猪舍,测定了 10:30—17:10 两猪舍内猪所在活动面多点温度、湿度。结果显示,猪舍 a 猪所在活动面日平均温度比猪舍 b 低 2 ℃,平均相对湿度差异不显著(表 2-2)。通过连续监控,发现猪舍 a 的内环境平均温度和最高温度都低于猪舍 b,而湿度没有差异。

表 2-2　不同高度、结构猪舍日平均温度、空气相对湿度对比

	平均温度/℃	平均空气相对湿度/%
猪舍 a	31.14±1.41[a]	48.71±5.58[a]
猪舍 b	33.14±1.96[b]	48.09±5.79[a]

2. 饮水器设置在高温季节对猪圈内积水的影响

通过高温季节对饲养 3.5 个月的育肥猪群测定,饮水器设置于南侧围栏外侧与饮水器设置于南侧围栏内侧,分别观察日常猪圈内的积水情况,统计整个饲养期内饮水器的损坏率。结果表明,采取围栏外侧安装饮水器下设接水槽的方式比在围栏内侧安装饮水器猪圈内积水情况明显好转,饮水器损坏率为 4.2%,比对照降低 12.5 个百分点(表 2-3)。

表 2-3　饮水器不同位置猪圈积水情况和饮水器损坏率比较

饮水器位置	猪圈内积水情况	饮水器损坏率/%
围栏内	+++	16.7
围栏外	+	4.2

3. 中压雾化喷淋系统设置高度与降温效果

在发酵床猪舍内距地面不同高度设置雾化喷淋系统,距地面高度分别为 2 m、2.5 m、3 m、3.5 m,连续测定 7 d 10:30—17:10 猪舍内猪所在活动面的温度、湿度及猪圈内地面积水情况。结果表明,喷淋设置高度在 2.5 m 和 3 m 时，猪舍猪活动面平均温度最低，但没有显著差异；喷淋设置高度为 2 m 的猪舍养殖平面平均湿度显著高于高度为 3 m 和 3.5 m，其中高度为 3.5 m 的猪舍平均湿度最低；喷淋悬挂高度 2 m 的猪舍地面积水最严重，并且不易干燥，喷淋悬挂高度 3.5 m 的猪舍地面潮湿程度最小，并且在猪只的活动和气流作用下可快速干燥。综合猪舍温度、空气相对湿度以及地面积水程度等因素，喷淋高度在 2.5～3.5 m 处效果好(表 2-4)。

表 2-4　不同喷淋高度对养猪平面温度、空气相对湿度、地面积水情况的影响

喷淋高度	2.0 m	2.5 m	3.0 m	3.5 m
平均温度/℃	31.37 ± 1.99^{a}	30.74 ± 1.90^{a}	30.96 ± 1.91^{a}	31.44 ± 1.75^{a}
平均空气相对湿度/%	68.37 ± 6.38^{a}	62.57 ± 6.60^{ab}	57.91 ± 6.86^{bc}	48.97 ± 7.62^{d}
地面积水程度	+++	+	+	−

4. 两侧通风口不同通风高度对进舍气流速度的影响

高温季节对猪舍两侧通风口卷帘高度分别设定在离地面高度 0.2 m、0.4 m、0.6 m、0.8 m、1 m 处，测定 7 d 高温天气(气温＞35 ℃)下午 1 点舍内两侧距离通风口 1.5 m 处，离地面 50 cm(养殖平面)处风速。结果发现：卷帘高度 0.4 m 和 0.6 m 时，猪舍内养殖平面风速显著高于卷帘高度 0.2 m、0.8 m 和 1 m；表面卷帘高度在 0.4～0.6 m，通风效果最好(表 2-5)。

表 2-5　两侧通风口不同通风高度对进舍气流速度的影响

卷帘高度/m	0.2	0.4	0.6	0.8	1.0
风速/(m/s)	1.64 ± 0.63^{bc}	2.24 ± 0.79^{a}	2.04 ± 0.82^{ab}	1.21 ± 0.49^{c}	0.96 ± 0.82^{c}

5. 屋面喷淋装置的效果

通过在夏季高温天气从早10点到下午5点对屋面采取喷淋处理，可有效降低猪舍内猪群所在平面温度2～3 ℃。

猪舍a和猪舍b进行高温季节温湿度对比。10:30～17:10测定两猪舍内猪所在活动面多点温度、湿度，结果显示，猪舍a的猪所在活动面日平均温度比猪舍b低2 ℃，平均空气相对湿度差异不显著(表2-6)。通过连续监控，发现猪舍a的内环境平均温度和最高温度都低于猪舍b，而湿度没有差异。

表2-6　不同高度、结构猪舍日平均温度、空气相对湿度对比

	平均温度/℃	平均空气相对湿度/%
猪舍a	31.1±1.41[a]	48.7±5.58
猪舍b	33.1±1.96[b]	48.1±5.79

6. 植物覆盖对棚舍降温效果

采用丝瓜等藤蔓植物覆盖，夏季高温季节可有效降低棚舍温度2～4 ℃(彩图2-9)。

二、双列连栋大棚猪舍

连栋大棚发酵床猪舍是经济型发酵床大棚猪舍的改进，进一步优化了猪舍内环境控制水平，提高了发酵床垫料圈栏调节的灵活性，使得发酵床猪舍内部圈栏结构更适合机械化垫料管理的需要。

(一) 连栋大棚猪舍结构

连栋大棚发酵床猪舍采用单栋跨度8 m的两连栋温室大棚，总长度30～45 m，大棚顶部覆盖双层遮阳网，同样利用黑袍效应，利用太阳光加热大棚顶部空气，形成猪舍大棚内部的空气对流；为适合对发酵床猪舍育肥猪的饲养管理和垫料的机械搬运和堆积处理需要，将温室肩高(屋檐高度)设置为 2.8 m，大棚东西两侧对应南北两侧垫料池开口设置两扇宽度 2.2～2.3 m，高度 2.8 m 的垫料池机械作业门，方便拖拉机、小型装载机等机械进出；大棚东西两侧中间偏北对应猪舍过道设置宽度 1.5 m，高度 2～2.1 m 的过道门，用于饲养管理人员、喂料机械的进出。大棚顶部天窗和两侧卷帘可根据气温和天气情况，自由调整开合的幅度，形成外部空气和室内空气对流，实现结构降温。发酵床连栋大棚猪舍整体及其结构，见彩图 2-10、彩图 2-11。

大棚东侧山墙上在猪生活平面设置两个排气风扇，用于在夏季高温高湿季节将猪舍内高温高湿气体排出舍外。猪舍大棚屋面设置屋面喷淋装置，根据夏季气温、日照情况，定时打开对屋面喷水，通过水的蒸腾作用，隔绝舍外热量向猪舍内传递，起到降温隔热的作用。

小贴士

连栋猪舍大棚具体设计参数如下：

① 猪舍大棚主要参数。温室跨度:8 m(单栋)、肩高 2.7～2.8 m、顶高 4.7 m。

② 性能指标。风荷:551 Pa 相当风速 32 m/s 的 11 级风(台风除外)；雪荷:294 Pa；最大排雨量。140 mm/h。

③ 大棚猪舍。长 30～45 m、宽 16 m、面积 480～720 m^2

④ 电源:220 V/380 V,50 Hz。

棚舍结构为天沟连接双跨连栋，拱顶热镀锌钢结构。温室屋顶设计矢高 2 m，温室框架结构主要由基础、拱杆、立柱、副立柱、水平横杆、天沟、门、侧面手动摇膜通风等部件组成。棚舍基础采用 180 mm×180 mm×600 mm 钢筋混凝土预制件，立柱与预制件采用法兰连接，这样能使棚舍荷载达到设计标准，确保棚舍基础质量。

（二）连栋大棚发酵床猪舍内设结构

垫料池为半地下或地上式结构，垫料池墙体采用砖混结构，高度为 50～60 cm，在猪舍中间构建发酵床猪舍中间过道和南北两侧发酵床猪圈的水泥睡台，水泥睡台宽度 1.6 m，过道宽度 1.5 m(彩图 2－12)。

南北两侧猪圈区域设计连通式或非连通式猪圈。

连栋大棚猪舍使猪舍饲养管理实现全面机械化操作，进一步提高了猪舍单位面积的载畜量，有效降低了建造成本，具体为：

① 猪圈活动围栏：两侧发酵床猪圈内每 10 m 设置活动围栏。可实现育肥猪猪群的定期轮圈和后期大通圈饲养，垫料翻耙机械、小型装载机、拖拉机在发酵床垫料池内的自如运行。

② 发酵床猪舍进出口：在猪舍两侧墙体中部设置宽度为 2.3 m 的开口，安装卡槽用于插入垫料挡板，设置发酵床活动门，垫料池开口用于自卸农用拖拉机、小型铲车等机械自由进出。

③ 发酵床局部通风滴淋系统：在猪圈睡台正上方 110 cm 处，根据猪舍存栏猪只数量设置开关滴淋头，调整通风设备的功率，可实现对每头猪头颈部的淋水和气流通风降温；猪会自主将头颈部位置于滴淋和风口位置，直接降低进入下丘脑垂体温度感受器的血液温度，减少了夏季极端高温天气的猪体热应激；定时装置，根据每天气温变化，调整系统开关时间，实现高效节约的通风降温效果。系统成本较湿帘通风低 70%以上，水电消耗较少。

（三）连栋大棚发酵床猪舍运行管理

1. 发酵床猪舍圈栏管理

在猪育成期(15～60 kg)划区轮圈围栏管理，而在猪群育肥期

(60 kg 至出栏)通栏管理。猪群育肥期,猪群体重大于 60 kg,去除猪圈内的活动隔栏,将发酵床猪圈变为通栏饲养,垫料翻耙机可以无障碍快速完成垫料的翻耙,提高垫料的有氧发酵效率。

2. 发酵床连栋大棚猪舍结构效果评价

发酵床连栋大棚猪舍在经济型发酵床大棚猪舍结构优点的基础上,实现育肥猪阶段特有的围栏结构、降温设施、饮水器、饮水槽设置,更适合育肥猪的生长,进一步提高了猪舍的内环境调控能力和猪舍的载畜量,实现了发酵床垫料的机械化填放、清运和管理。

发酵床局部通风滴淋提高了通风降温的效果(表 2-7)。平均风速 2.04 m/s。在中午 12:30,用干湿球温度计测定舍内猪所在平面局部通风降温风口下方 0.5 m 处的干球温度(Td)和湿球温度(Tw)。测试位点略高于猪背高。此时猪头颈部湿润皮肤体感温度按下式计算:ET=0.65×Td+0.35×Tw,可降低体感温度 3 ℃左右。

表 2-7 局部通风滴淋结构降温效果

干球温度/℃	35.6±0.62
湿球温度/℃	30.5±1.10
体感温度/℃	33.7±0.85
平均风速/(m/s)	2.0±0.64

采用局部通风滴淋结构的猪群高温时段的呼吸频率显著性低于对照组。猪群在全天最热时间段,保持在滴淋结构下方睡台上的趴卧姿势休息。

大棚发酵床猪舍比普通猪舍的设施成本大幅降低。和大型设施猪舍相比,大棚型猪舍建设费用低,通常在肉猪的育肥猪舍不足时建设较多。大棚型猪舍建设成本约为施设型猪舍的 1/3。

三、薄垫料发酵床猪舍

发酵床养猪技术利用发酵床垫料中微生物的作用实现了对猪只粪尿排泄物的原位降解，该技术改善了养殖环境、降低了猪群的发病率，减少了用于猪只排泄物收集、处理的人力和财力支出。但使用过程中也遇到了一些问题。

第一，发酵床猪圈建设改造费用高。发酵床需要一定深度和规模的垫料池放置垫料，现有猪舍建设、改造费用高，降低了养猪户采用发酵床技术的意愿。

第二，垫料使用量大、成本高。普通发酵床养猪需要 50～60 cm 厚度的木屑等垫料原料，在缺少此类原料地区成本较高，不利于技术的推广应用。而研究发现发酵床垫料发酵降解粪尿的主要功能区域是位于发酵床表层 30 cm 的垫料。

第三，猪有定点排便的生物学习性，喜欢在相对地势低、阴暗潮湿处排便，而不喜欢在喂食区域和高燥区域排便。这种特性易造成发酵床局部区域粪便聚积、不利于其发酵降解，需要及时通过人工疏散开，费时费力。

第四，发酵床养猪的寄生虫及防疫。发酵床养猪由于对猪排泄物的发酵分解比较分散，表面温度不高（低于 60 ℃），可能造成部分寄生虫的残留，不利于猪只生长。同时垫料管理不当引起发酵不完全或死床，也有引起病原传播的风险。

小贴士

薄垫料发酵床猪舍结构，具有建设或改造成本低、垫料使用量少、便于防疫消毒、降低寄生虫病发病率、易于机械化管理、利于猪只夏季降温等多方面优点，适合现有传统水冲圈猪舍改造。

（一）薄垫料发酵床猪舍内结构设计

薄垫料发酵床猪舍多以现有水冲圈猪舍改建而成，基本结构为：

猪舍背阳侧设管理走道，宽度 1.5 m，水泥地面便于采用机械喂料和补充发酵床垫料。北侧围栏与南侧围栏之间为猪圈；猪舍向阳侧与猪圈围栏间设垫料沟，宽 1～1.5 m，深 10～20 cm，垫料排出口与猪圈排便集中区相连。走道侧围栏内侧设自动给料料槽，围栏外侧设鸭嘴饮水器，饮水器下方有接水槽及与之配套的向舍外的排水沟系统。

猪圈水泥地面，栏宽 6～8 m。由走道侧按功能，分为采食休息区、中央活动区、排便集中区三个区域；从中央活动区到排便集中区围栏保持 8～10 cm 落差（坡度 1.0%～1.5%）；猪圈地面上铺设 10～15 cm 厚度的发酵床垫料；猪圈中央正上方 2～3 m 处设置中压雾化喷淋系统。

薄垫料发酵床猪舍结构见图 2－2。

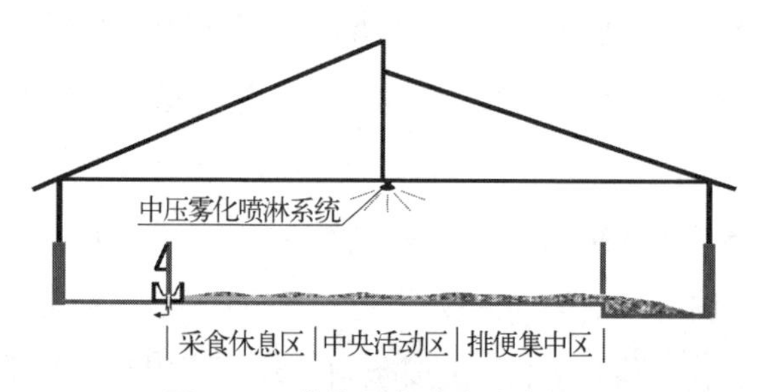

图 2－2　薄垫料发酵床猪舍结构

（二）薄垫料发酵床猪舍运行管理

进猪前直接在猪圈水泥地面上铺设厚度为 10～15 cm 的木屑、稻壳等垫料，并垫料原料接种用于发酵的有益菌种，而后进猪。

进猪后，由于中央活动区和排便集中区具一定坡度，垫料在重力和猪只的翻拱挤压作用下，呈现由采食休息区向排便集中区逐渐移动集中的缓慢运动方式，造成垫料在几个区域的厚度分布依次为采食休息区 5～10 cm，中央活动区 15～20 cm，排便集中区 20～30 cm，呈逐渐增厚状态。

猪有远离喂食、高燥区域，在相对地势低湿处定点排便的习性，使猪粪尿主要排放在猪圈内排便集中区内。

随着猪只生长或饲养量增加，排便增加，不能及时在排便集中区内的垫料中发酵降解，逐步蓄积，此时在重力和猪只的翻拱挤压作用下，蓄积的猪粪尿排泄物混合了部分垫料通过前围栏下方的垫料排出口落入垫料沟内。

当垫料沟内的猪粪尿、垫料混合物蓄积到一定量时，使用拖拉机（如东风 12）定期进行机械翻耙、混合，促进猪粪尿有氧发酵，迅速降解。垫料沟内的经用垫料蓄积到一定量时，将垫料清至猪舍外，堆积发酵完熟后作有机肥或回用。

具体运行管理示意，如图 2－3 所示。

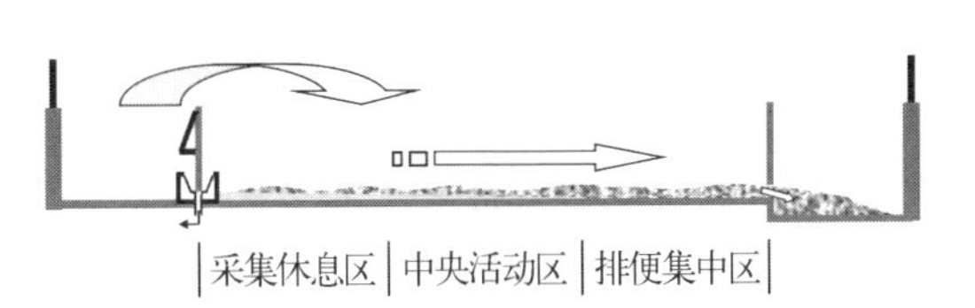

图 2－3　薄垫料发酵床猪舍运行示意

发生寄生虫病或有防疫需求时，可将猪圈内的发酵床垫料迅速清入垫料沟内然后清出猪舍，堆积发酵产生高温杀灭寄生虫和病原物，同时对猪圈全面消毒。

在夏季炎热季节或我国南方高热地区，猪只集中分布于猪圈内采食休息区，此区域垫料厚度只有 5～10 cm，猪通过翻拱即可躺在垫料下方的水泥地面上，通过与水泥地面的热传导散热降温；同时猪圈上方设置的中压雾化喷淋产生直径小于 50μm 的雾化水滴，其在空气中和猪体表面气化吸热，从而达到对猪舍降温的目的。同时降低了猪只由于发酵床垫料扬尘造成的呼吸道咳喘现象。

薄垫料发酵床猪舍内部设施结构可新建，也可用于对现有猪舍进行发酵床猪舍的改造。采用薄垫料发酵床猪舍内设结构，铺设垫料厚度从传统发酵床的 50～80 cm 降低到 20～30 cm，通过垫料的循环使用提高了垫料的利用率 3～5 倍。经用垫料的翻耙、清运省力，减轻了人员劳动强度。

四、 限位栏发酵床母猪舍

要点提示

限位栏饲养妊娠母猪可以大幅度提高圈舍的载畜量和利用率，并且可防止母猪胚胎附植前流产，有利于妊娠前期饲料饲喂量控制；但是由于限位栏猪舍饲养密度大，猪粪尿排泄物量大且集中于母猪尾部区域，造成猪舍环境恶劣，容易引发母猪呼吸道、生殖道疾病，影响繁殖性能。

发酵床用于饲养妊娠母猪在技术上存在以下难点：

首先，发酵床猪舍单位面积猪圈载畜量低。由于经产母猪体型较大，粪尿排泄物多，直接在发酵床上饲养妊娠母猪，单靠猪自身翻拱来促进粪尿排泄物降解所需的发酵床猪圈面积需 4～5 m^2/头，而采用限位栏饲养妊娠母猪的猪圈只需要约 1. 26 m^2/头（母猪限位栏为 0. 6 m×2. 1 m）。

其次，母猪驱虫效果差。规模猪场对母猪进行定期驱虫（如每季度 1 次）和产前驱虫（一般产前 2 周），如果母猪饲养在发酵床垫料上，会因为接触垫料中的寄生虫卵造成寄生虫反复感染，进而引起仔猪相关寄生虫的感染。

限位栏发酵床母猪舍结构包括猪舍两侧走道、与两侧走道相邻的母猪限位栏猪圈，猪舍中央区域设有发酵床垫料的垫料池，母猪限位栏猪圈上方的雾化喷淋系统以及二氧化氯微量添加饮水消毒系统。

猪舍两侧内走道，宽度 1.2～1.5 m，走道靠近限位栏猪圈一侧设水泥导水沟，用以将母猪饮水滴漏部分快速排出猪舍。

母猪限位栏猪圈使用常规型式，高 1.1～1.2 m，长 2～2.1 m，宽 0.55～0.65 m。食槽、饮水器位于走道一侧，以便日常饲养管理；饮水器下方设水槽将母猪饮水滴漏部分直接收集导入预留的水泥地沟中排出舍外，以保持睡台的干燥；限位栏猪圈从头侧到尾侧地面依次为长度 1.6～1.8 m 的水泥睡台，水泥睡台向漏缝地板区域设 3%的返水坡度。长度为 0.2～0.3 m 的漏缝板悬空区域，区域下方位于垫料池内，直接铺设发酵床垫料，构成发酵床排便集中区域，用于承接母猪粪尿排泄物；排便集中区域后部设置母猪尿液收集、排放沟，将母猪尿液和污水快速导出舍外，防止发酵床垫料湿度过大。

图 2-4 为母猪分娩和哺乳期发酵床示意图。限位栏处是水泥地面。

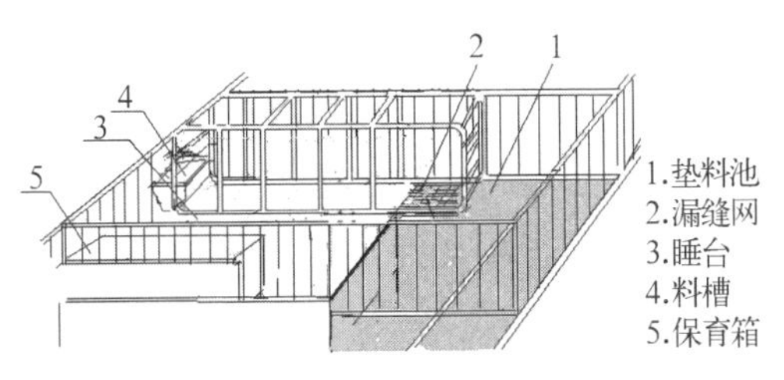

图 2-4 母猪分娩和哺乳期发酵床

观察发现，母猪后蹄不会站立在母猪限位栏最后 0.2～0.3 m 区域，所以设置限位栏尾部长度 0.3 m 不铺设硬质地面的悬空区域，利用猪退到角落排便的习性，排泄物直接排入发酵床排便集中区域，另外少量尿液和饮水滴漏部分可快速通过带有一定返水坡度的水泥睡台和漏缝地板排入发酵床垫料中，大幅度降低母猪接触粪尿排泄物的机会，保持圈内地面特别是母猪尾部区域的干燥、清洁，从而降低了母猪细菌性、寄生虫性传染病的发生率(图 2-5)。

猪舍中央区域设有东西贯通的地上式发酵床垫料池：垫料池宽度 2～3 m，深 50～80 cm。

雾化喷淋用于降低夏季限位栏中母猪体温，与 25～50 mg/L 二氧化氯微量添加系统联用对猪舍空气、限位栏母猪体表和水泥睡台进行消毒，抑制有害气体产生，防止疫病发生。

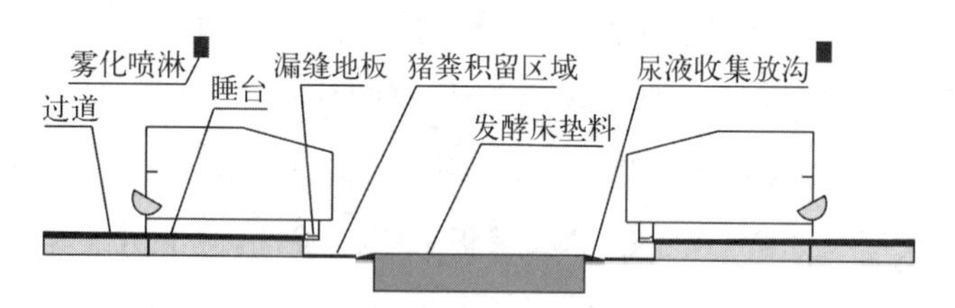

图 2-5 发酵床限位栏母猪舍内设结构剖面

五、发酵床大栏育肥猪舍

刘波等设计了发酵床育肥猪大栏养殖猪舍，单体猪舍面积超过 2000 m^2，单栏养殖猪的数量超过 1500 头，极大地提高了猪舍单位面积载畜量和发酵床猪舍机械化管理水平。

猪舍外设有气象自动观察站，对环境的光强、温度、湿度等数据进行自动采集。猪舍内根据舍内光照、温度、湿度、NH_3 浓度等参数，由计算机自动控制电动卷帘、风机湿帘、轴流风机、喷雾增湿装置、微喷降温系统、自动投料系统的运行。使猪舍内的温度保持在 29～31 ℃，空气相对湿度控制在 60%～80%，CO_2 控制在 2000 mg/m^3 以下，NH_3 控制在 25 mg/m^3 以下。根据定时定量喂食规则，实现自动喂食投料。

由于采用单体大栏猪圈饲养模式，可以定期使用 20 kW 中型农用拖拉机通过猪舍入口处的活动门进入发酵床垫料池，对垫料进行整体翻耙，垫料管理效率提高了3～4倍。

规模化养猪使用发酵床技术，采用机械化和自动化技术，大幅度地提高了生猪养殖的生产效率，降低了人工成本，适合投资较大，技术水平较高的养殖企业采用。

六、利用旧猪舍改建发酵床

利用原有猪舍改建发酵床猪舍，要尽量结合发酵床猪舍建设要求进行。

（一）猪舍高度

依据旧猪舍的高度，决定发酵床是采用地上式还是半地下式。原则上垫料表面离屋檐有净高度2.0 m。

如果猪舍高度在3.0 m以上，可保留原来水泥地，改建成地上式。否则建成地下式。

可能的情况下，将原猪舍屋顶改成钟楼式，开通风口，以有利于空气的垂直对流，改善猪舍内空气质量。

（二）通风、采光

一般要求猪舍阳光充足和通风良好。旧猪舍如果窗户很少，应该在南北墙面离发酵床垫料90 cm高处尽量多开窗户，将走廊中间的水泥墙、栏与栏之间的水泥墙换成通风的镀锌管栅栏，以促进舍内空气流通，保证采光。但北方冬天要注意密闭保温。

（三）垫料防潮处理

发酵床猪舍改造时，要注意四周排水。建设好雨污分离排水沟，防止雨水进入垫料。

（四）增大圈栏面积

如果原单个圈栏面积不超过 10 m^2，建议将 2 栏或 3 栏合并成 1 栏，便于垫料管理，提高发酵床的使用效果。

（五）料槽与饮水器分设

把原饮水器改装到料槽的对面，注意在饮水器下方设集水盘，将洒落的水排到舍外，避免引起垫料局部过湿。

第三节　发酵床舍内环境控制技术

猪舍内环境影响猪的生长和健康。夏季舍内温度较高时，空气相对湿度大，影响家畜体表蒸发散热，从而影响猪的生产性能。研究显示，高温时空气相对湿度增大 10%，相当于环境温度升高 1 ℃对猪的影响。同时，舍内 CO_2 浓度是反映猪舍通风状况的重要指标之一，NH_3 浓度过高会严重影响动物的健康。同时，发酵床垫料的水分含量、温度和碳氮比等因素影响垫料中微生物的生长，进而影响粪尿的降解，不仅影响猪的舒适度和舍内的空气环境质量。

一、发酵床猪舍内环境变化

周忠凯等研究了江苏地区大棚发酵床猪舍不同季节的内环境变化，对发酵床猪舍内环境和垫料的管理提出了相应的控制方法。

（一）温度

不同季节发酵床猪舍内平均温度 21.6 ℃，冬季发酵床猪舍内平均温度为 8.8 ℃，由于猪舍覆盖材料为大棚膜，有利于冬季太阳光直射，从而增加了舍内温度，夏季猪舍平均温度较高为 28.2 ℃。春秋季温度差异不显著，分别为 21.7 ℃、24.7 ℃。

研究表明，高温高湿的环境导致猪的采食量下降，当温度高于 33 ℃，空气相对湿度高于 80%时，猪的采食量明显下降。发酵床猪舍夏季使用高压喷雾降温系统，猪的日增重为 696.4 g/d，自然通风、无喷雾降温的猪舍，猪的日增重平均为 593.4 g/d，前者比后者日增重提高 103 g/d。由于猪舍为半密闭性结构，舍外温度的变化对舍内温度的影响较大，但猪舍温度能满足育肥猪生长的需求。

（二）湿度

发酵床猪舍不同季节湿度变化较小。研究表明，春、秋季发酵床猪舍内的空气相对湿度为 79.5%，冬季猪舍空气相对湿度较高为 83.3%，这主要与猪舍内通风口关闭、通风量较小、水蒸气不易排出等有关。夏季为 84.8%，与夏季使用高压喷雾系统有关，冬季和夏季舍内空气相对湿度显著高于春秋季节。

猪舍合理的空气相对湿度范围在 50%～80%，在这个范围内影响猪生长的细菌、病毒、真菌等不易大量繁殖，可减少疾病的发生，降低呼吸道疾病感染的机率。

（三）CO_2 浓度

发酵床猪舍内平均 CO_2 浓度为 1978 mg/m^3。冬季舍内平均 CO_2 浓度最高，为 3480 mg/m^3，猪舍为冬季保温，通风口关闭导致的通风不良是舍内 CO_2 浓度升高的主要原因。夏季发酵床猪舍 CO_2 浓度为测试期间最低，为 1251 mg/m^3，春秋季节分别为 1647 mg/m^3、1534 mg/m^3，差异不显著。

不同结构的猪舍内 CO_2 浓度差异较大。机械通风猪舍的 CO_2 浓度最接近猪舍周围环境中的浓度。同时由于通风管理方式的不同，CO_2 浓度也存在季节性的差异。虽然发酵床猪舍垫料中粪便的分解产生部分 CO_2，但发酵床猪舍为半开放式猪舍，舍内仍保持了较低的 CO_2 浓度。

（四）氨浓度

氨气主要是猪粪尿分解产生，发酵床中粪尿被垫料吸收和混合，减少了氨气的产生。如图 2－6 显示，整个测试期间发酵床猪舍内氨气的平均浓度为 6.1 mg/m^3，猪舍氨气的浓度随着季节冬—春—夏的变化而逐渐降低，冬季舍内氨气浓度为 10.2 mg/m^3，显著高于春季、夏季和秋季舍内的氨气浓度，而春、夏、秋季发酵床猪舍内氨气浓度分别为 4.7 mg/m^3，3.6 mg/m^3 和 5.8 mg/m^3，差异不显著。

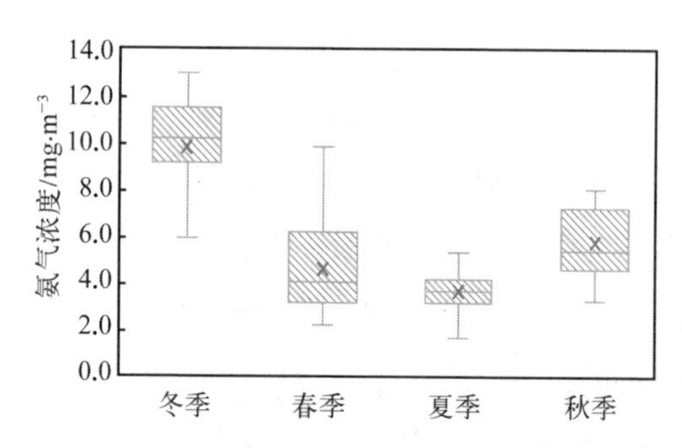

图 2－6　发酵床猪舍不同季节氨气浓度变化

（五）猪舍通风量

发酵床猪舍通风量变化如图 2－7。夏季通风量最大，平均为 3749 m^3/h，冬季通风量最小平均为 1126 m^3/h，夏季通风量约是冬季通风量的 3.5 倍。春秋季节的通风量值分别为 2963 m^3/h、1802 m^3/h，整个测试期间舍内平均空气流速为 32.3 cm/s。

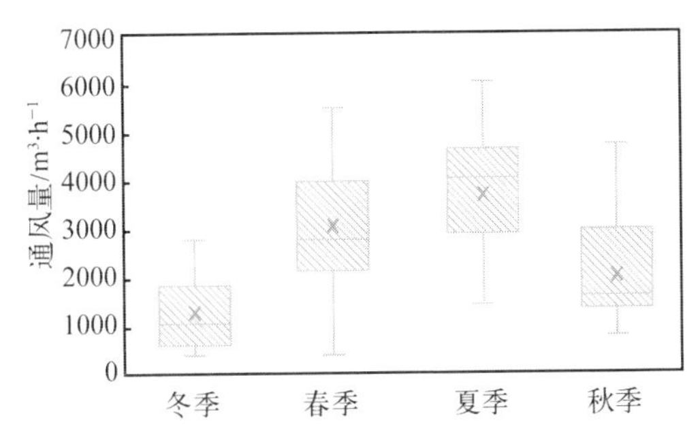

图 2-7 发酵床猪舍不同季节通风量变化

发酵床猪舍的平均通风量为 268 m^3/(h·AU)(AU:500 kg 活体重),冬季最低平均为 125 m^3/(h·AU),夏季最高为 417 m^3·(h·AU)。

(六)发酵床垫料温度变化

通过温度连续监测系统对发酵床垫料(测定深度 20 cm)中的温度进行了长期监测。测试期间发酵床垫料温度平均为 34.1 ℃。秋季垫料最高,平均为 40.8 ℃;冬季最低,平均为 24.4 ℃;春季和夏季垫料温度差异不显著,分别为 35.6 ℃和 35.4 ℃。

二、发酵床猪舍高压喷雾系统降温效果

著者等研究了江苏地区自然通风发酵床大棚猪舍夏季高压喷雾对舍内湿热环境的影响及降温效果,为自然通风发酵床猪舍夏季降温管理提供参考。

(一)喷雾对猪舍内温湿度的影响

试验期间喷雾猪舍温度比无喷雾的猪舍降低 10.5～0.7 ℃,平均降低 6.2 ℃(图 2-8)。在舍外日平均气温 25～36 ℃条件下,喷雾猪舍内平均温度、空气相对湿度为 29.4 ℃和 72.2%,舍外为 30.7 ℃和

64.4%，对照无喷雾猪舍为 35.6 ℃和 48.3%，喷雾显著降低了猪舍内温度。在舍外温度 31～36 ℃时，喷雾猪舍内温度显著低于舍外温度；而舍外温度在 25～30 ℃之间时，喷雾猪舍与舍外温度的差异不显著。

喷雾猪舍内空气相对湿度比无喷雾猪舍增加 41.1%～5.4%，平均增加了 23.9%。无喷雾猪舍内空气相对湿度显著低于喷雾猪舍和舍外值。在舍外温度 31～36 ℃时，喷雾猪舍内空气相对湿度显著高于舍外值，而在舍外温度 25～30 ℃时，喷雾猪舍与舍外空气相对湿度的差异不显著。

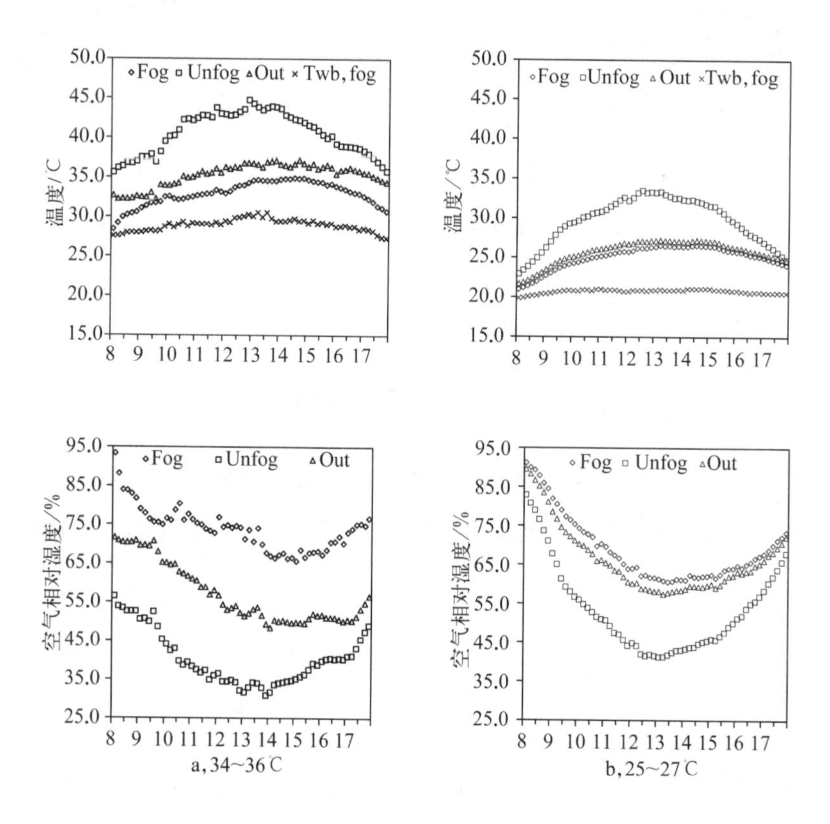

图 2-8　不同气温条件下实验舍和对照舍内温度、空气相对湿度日变化

（二）喷雾的降温效率

不同舍外温度影响高压喷雾系统的降温效率，整个试验期间降温效率的范围在18.4%～89.2%之间，平均为59.1%。其中，舍外日平均温度在31～33 ℃和34～36 ℃时喷雾降温系统的平均降温效率分别为64.2%和65.2%，差异不显著，显著高于舍外日平均温度在28～30 ℃和25～27 ℃时的56.9%和50.2%，结果显示随着舍外温度的降低，喷雾的降温效率呈下降趋势。

（三）发酵床猪舍温湿度指数(THI)比较

发酵床猪舍发生热应激的时间通常发生在8:00—18:00。试验期间(8:00—18:00，舍外平均气温为35.0 ℃)喷雾猪舍内THI比无喷雾的猪舍降低23.5～2.5，平均降低12.5(图2-9)。喷雾猪舍THI平均值为74.3(其中，34～36 ℃时77.8，25～27 ℃时为69.9)，显著低于无喷雾猪舍的86.5(其中，34 ℃～36 ℃时94.5，25 ℃～27 ℃时为77.9)。喷雾猪舍内THI比舍外降低8.3～0.7，平均降低了3.0。整个试验期间喷雾猪舍遭受热应激比无喷雾猪舍减少23.7%，严重热应激和极端严重热应激(THI≥79)减少27.3%。

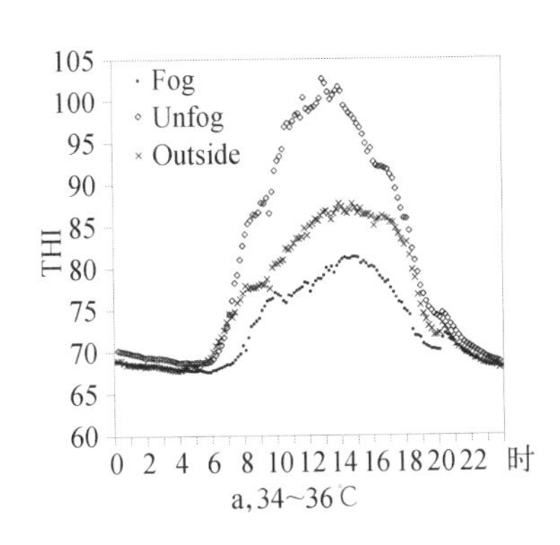

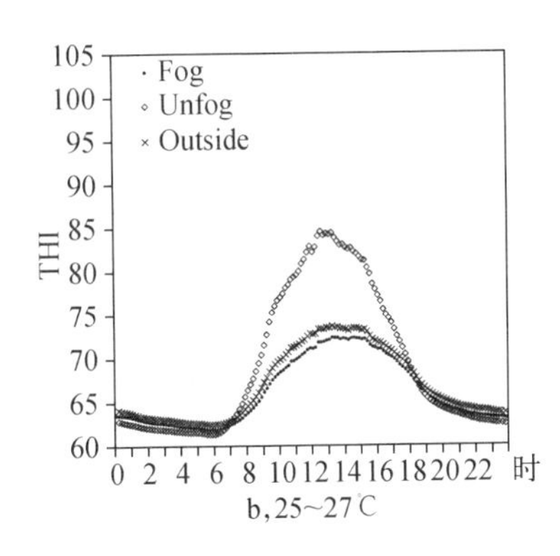

图2-9 不同气温条件下THI的日变化(时间间隔:10分钟)

（四）发酵床猪舍综合气候指数

发酵床大棚猪舍猪养殖过程中冬季综合气候指数分布，如图 2－10 所示。结果显示，发酵床猪舍内综合气候指数与舍外温度的差值在 0～14.1 ℃之间，平均差值为 5.6 ℃，冬季舍内平均气候指数为 11.6 ℃，满足适合猪生长的下限温度。以 2 小时的气候指数作为统计数值，冬季试验期间综合气候指数大于 5 ℃的比例为 78.4%。育肥猪生长环境低于 5 ℃时会出现冷应激反应，由于发酵床大棚猪舍低温多发生在夜间的 1:00—7:00，养殖过程中需要注意夜间猪舍的保温。但由于发酵床养殖垫料发酵产生热量，对垫料床体以及水泥睡台的温度进行了测定，冬季垫料床体（据垫料表层 10 cm）和水泥台的温度分别为：32.5 ℃和 3.5 ℃。此时猪翻拱垫料，增加了垫料与猪只的接触面积，从而减少了热量的散失。

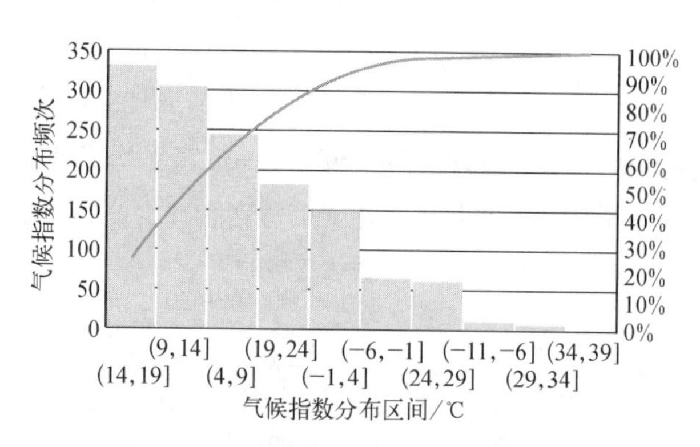

图 2－10　发酵床猪舍冬季气候指数分布

三、发酵床猪舍内环境控制技术

（一）高压喷雾降温系统

高压喷雾降温在发酵床猪舍具有良好的适用性。高压喷雾降温系统由进水过滤器、贮水箱、可调压力的高压柱塞泵、回水管路、电机和电子控制系统、高压喷雾管路及喷嘴组成，系统满负荷运行供水 28 L/min，使用 1 台高压喷雾主机可实现 240 个喷头进行同时喷雾，降低了设备的投资；高压喷雾主机功率为 2.2 kW，工作压力 5.5 Mpa，选择单路管路，管路安装在猪舍中部，距地面高 2.0 m，高压喷头选择 2 号喷头，双喷头模式，间隔 1.15 m；高压 PE 管与喷嘴的连接方式采用直插式，可多次拆装，便于安装及维修(彩图 2-14)。

高压喷雾降温系统不仅可用于夏季降温(彩图 2-15)，同时可用于猪舍内环境消毒。

(二) 喷雾冷风扇降温系统

为有效降低自然通风畜禽舍内温度，减缓动物的热应激反应，提高夏季动物养殖福利，针对猪场水源泥沙含量较大造成高压喷雾喷头堵塞的问题，也可应用喷雾冷风扇降温系统。喷雾冷风扇降温系统主要由供水泵、蓄水盒、浮漂控水装置、缺水断电装置、回水槽、离心盘、主电机及旋转装置组成，系统满负荷运行供水 40 L/h，风量 3500～4800 m^3/h，额定功率为 400 W，额定电压 220 V/50 Hz，应用面积 300 m^2，喷雾距离 10～20 m。

系统采用离心式雾化原理，使水在旋转盘的作用下，利用离心力产生超微小雾滴，雾滴通过强力风扇吹出气流，提高液体表面的蒸发速度，加快气体分子的扩散，水的蒸发量大大提高。在水的蒸发过程中吸收热量，降低温度，同时可以提高空气相对湿度，减少粉尘。该设备系统采用离心式雾化设计，无需喷嘴和水过滤装置；雾化和送风分别由独立的电机带动运行，使用方便，维护简单；设备系统可实现三挡调速，雾化大小可随意调节。设备配置自动水循环系统，使雾化器的回水充分再利用。

小贴士

舍内环境控制指标：温度控制在 11.0～35.0 ℃，空气相对湿度控制在 60%～85%之间，通风量控制在 1700～46750 m^3/h 之间，风速控制在 0.3～1.0 m/s 之间，CO_2 浓度控制在 1500 mg/m^3 以下，氨气浓度控制在 15 mg/m^3 以下。

参考文献

[1] 张爽，纪术远，周海柱，等. 冬季发酵床养猪舍内环境状况评价[J]. 中国农学通报，2013，29(11)：11－15.

[2] 刘振，原昊，姜雪姣，等. 夏季发酵床猪舍的温热环境与猪休息姿势的变化[J]. 畜牧与兽医，2008，(05)：41～42.

[3] 王远孝，李娜，李雁，等. 发酵床养猪系统的卫生学评价[J]. 畜牧与兽医，2008，(04)：43～45.

[4] 顾洪如，李健，杨杰，等. 一种经济型环保猪舍的应用[P]. ZL：201210031913.0，2013.5.22.

[5] 顾洪如，李健，杨杰，等. 一种低碳并节约型夏季畜舍降温方法[P]. ZL：201210012406.2，2013.10.2.

[6] 顾洪如，李健，杨杰，等. 一种薄垫料发酵床猪舍的应用[P]. ZL：201210012895.1，2013.12.4.

[7] 顾洪如，李健，杨杰，等，减少仔猪断奶及并圈应激的仔猪动物福利饲养装置[P]. CN：201420824673.4，2015.11.11.

[8] 刘波，蓝江林，唐建阳，等. 微生物发酵床菜猪大栏养殖猪舍结构设计[J]. 福建农业学报，2014，29(05)：505－509.

[9] 周忠凯，秦竹，余刚，等. 发酵床育肥猪舍内湿热环境与通风状况研究[J]. 江苏农业学报，2013，29(3)：592－598.

[10] 朱志平，康国虎，董红敏，等. 垫料型猪舍春夏育肥季节的氨气和温室气体状况测试[J]. 中国农业气象，2011，32(3)：356－361.

第3章　养猪发酵床垫料中微生物组成与功能

第一节　养猪发酵床垫料中微生物群落多样性

要点提示

发酵床的核心是微生物对粪尿的发酵和转化，发酵床中的微生物来源于垫料基质、动物肠道、饲料和环境，微生物群落在垫料发酵和使用过程中起着非常重要的作用。发酵床的发酵体系由微生物和垫料基质共同组成，猪粪尿和垫料提供碳氮源，调节床体基质的孔隙度并维持发酵床体温湿度。发酵床中的粪便量随着猪的饲养而持续增加，垫料的有机质及氮素组成也随着动态变化，并直接影响垫料微生物组成。

在发酵床微生态系统中，猪体内固有的微生物菌群、饲料中微生物、垫料中添加的菌剂和垫料中生长的微生物菌群，组成了猪体内外的微生态系统，形成了垫料微生态环境中的微生物多样性。

一、日粮对养猪发酵床垫料中微生物组成的影响

通常，土壤和堆肥等生境适合于细菌、放线菌和真菌的生长。著者等研究了不同日粮饲养条件下，养猪发酵床垫料微生物区系中细菌、放线菌和真菌等微生物的组成特性。

猪舍基质垫料取样于江苏省农科院发酵床饲养基地，猪场按照发酵床养猪标准进行垫层配比和相关管理。取样方法：从保育猪的进栏到育肥猪的出栏，饲喂不同日粮（日粮 1、2、3 分别为对照组、抗生素组、益生菌组），按照 1～2 次/月的频率进行采样，连续采样 4 个月，每次样品采集垫料的发酵功能区（20～40 cm），分 5 点取样并充分混合后，进行微生物分离培养。制备不同浓度梯度的垫料悬浮液，采用稀释涂板法进行微生物分离。细菌分离采用 NA 培养基 37 ℃恒温培养 24 h，真菌用 PDA 培养基＋氯霉素 28 ℃培养 5 d，放线菌用高氏一号培养基＋重铬酸钾 28 ℃恒温培养 7 d。

（一）日粮对发酵床垫层中细菌的影响

不同日粮饲喂下的养猪发酵床垫料细菌数量变化，如表 3－1 所示。

表 3－1　发酵床垫层细菌数量变化　　单位：lgCFU/g

时间/d	日粮 1	日粮 2	日粮 3
15	9.08±0.51	9.03±0.18	9.12±0.12
30	9.04±0.23	8.96±0.11	9.25±0.04
60	9.30±0.21	9.18±0.15	9.31±0.09
90	8.75±0.21	8.68±0.20	8.72±0.13
120	8.26±0.21	8.18±0.19	8.27±0.14

在饲养的不同时期，细菌数量为 8.18～9.31 lgCFU/g，是转化粪尿和产热的主要微生物。日粮的变化对垫料中的细菌群落没有显著影响。而随着垫料使用时间的增加，猪从保育期到育肥期的饲养过程中，垫层中细菌数量呈现先上升后下降的趋势，这可能是因为在垫料

使用的早期，新鲜的垫料中碳成分含量高，碳氮比高，促进了细菌的快速生长。随着使用时间的增加，垫层中微生物生长所必须的碳源减少，碳氮比降低，限制细菌的生长。在研究中发现，垫料表层细菌数量峰值出现在 60 d，达到 9.31 lgCFU/g，之后细菌的数量呈递减趋势。

（二）日粮对发酵床垫层放线菌的影响

不同日粮饲喂下的养猪发酵床垫料放线菌数量变化，如表 3－2 所示。

表 3－2　发酵床垫层放线菌数量变化　　单位：lgCFU/g

时间/d	日粮 1	日粮 2	日粮 3
15	7.29±0.12	6.76±0.11	7.02±0.13
30	6.58±0.11	6.44±0.06	6.74±0.10
60	6.07±0.14	6.12±0.11	6.43±0.12
90	5.99±0.12	6.03±0.08	6.53±0.09
120	5.87±0.12	5.94±0.08	6.31±0.11

在饲养的不同时期，放线菌分布数量和细菌一样，日粮的变化对垫料中的放线菌数量没有显著影响。在垫料使用初期，放线菌的数量较多，为 6.76～7.29 lgCFU/g，然后逐渐减少，在 120 d 后，放线菌的分布数量仅为 5.87～6.31 lgCFU/g，最高比第 15 d 时降低了 89.5%。

（三）日粮对发酵床垫层真菌的影响

不同日粮饲喂下的养猪发酵床垫料真菌数量变化，如表 3－3 所示。

表3-3 发酵床垫层真菌数量变化 单位:lgCFU/g

时间/d	日粮1	日粮2	日粮3
15	6.29±0.25	6.32±0.12	6.13±0.08
30	6.53±0.09	6.57±0.17	6.47±0.26
60	6.25±0.13	6.33±0.13	6.19±0.15
90	6.10±0.28	6.03±0.12	6.12±0.23
120	5.81±0.19	5.87±0.14	5.71±0.23

日粮的变化对垫料中的真菌数量没有显著影响。真菌数量的变化趋势与细菌相似,即在使用初期有一定程度的增加,然后下降。在30 d真菌的数量较多,为6.47～6.57 lgCFU/g,然后逐渐减少。在120 d后,放线菌的分布数量仅为5.71～5.87 lgCFU/g,降低了83.1%。

总之,在发酵床垫料微生物组成中,细菌是优势种群,真菌和放线菌的分布数量与细菌相比,低3个数量级左右,放线菌略高于真菌。细菌对猪粪的降解、病原菌的抑制等起主导作用,是复杂有机物、粪尿分解和腐殖化最重要的贡献者。

二、养猪发酵床垫料组成对微生物群落多样性的影响

著者等利用DGGE技术研究了不同垫料种类对发酵床中微生物群落的影响。试验在江苏省农科院发酵床饲养基地进行,每栏发酵床床面面积50 m^2,深60 cm,每栏所用垫料为不同基质(稻壳,菌糠,稻壳炭,醋糟,稻草,酒糟)与木屑混合,替代木屑的比例均为50%。S1:全木屑,S2:50%稻壳+50%木屑,S3:50%菌糠+50%木屑,S4:50%稻壳炭+50%木屑;S5:50%醋糟+50%木屑,S6:50%稻草+50%木屑,S7:50%酒糟+50%木屑。为了解短期内基质垫层内微生物结构差异,在进猪2个月后(11月)采集垫料。对16S rDNA V6～V8区进

行PCR扩增。用Shannon～Wiener多样性指数(H)，基因型丰富度(S)指标来比较各个样品的细菌多样性。对优势条带进行克隆测序，测序获得的16S rDNA序列，通过NCBI的Blast功能在Genbank数据库中进行相似性检索分析。

采用UPGMA对垫料样品的DGGE指纹图谱作相似性聚类分析，结果如图3-1所示。

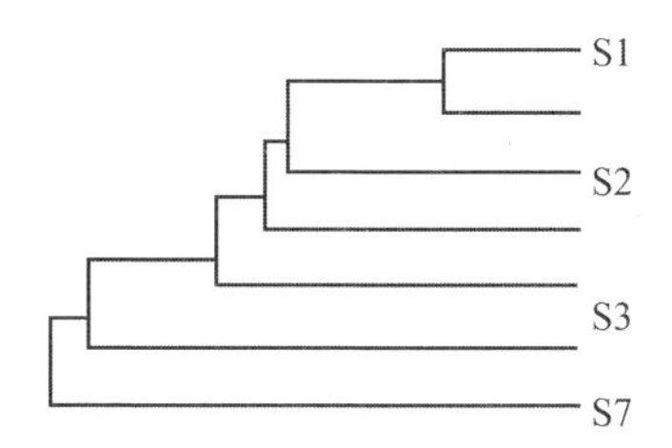

图3-1　样品细菌群落的UPGMA聚类分析图

由图3-1可知，全木屑(S1)与50%稻壳(S2)相似性最高，聚为一类，样品条带的相似性为89%，其次为50%菌糠(S3)，相似性为77%；全木屑(S1)与50%稻草(S6)相似性最低，仅为56%。

根据电泳图谱中每个条带的信息，对各样品中的细菌多样性指数(H)，丰富度(S)等指标进行了综合分析，结果如表3-4所示。其中酒糟垫料组细菌多样性指数最高，为1.525，丰富度也最大；稻草垫料组细菌多样性指数最低，为1.282。由此可见，垫料组成是影响发酵床垫料微生物构成的重要因素。

表3-4　不同垫料微生物群落基因型丰富度及多样性

编号	S1	S2	S3	S4	S5	S6	S7
丰富度(S)	28	28	29	25	24	23	32
Shannon～Wiener指数(H)	1.415	1.449	1.488	1.343	1.2931	1.282	1.525

细菌 16S rDNA V6～V8 区条带经 DGGE 分离，切割可分辨的部分优势条带进行序列测定，获得序列 26 条。将所测得的序列结果以 BLAST 程序进行相似性比较分析。结果表明，不同原料组成的发酵床垫料细菌呈现较高的多样性，分布在 10 个属中，分别属于节杆菌属（*Arthrobacter*）、*Amaricoccus*、马杜拉放线菌属（*Actinomadura*）、芽孢杆菌属（*Bacillales*）、梭菌属（*Clostridium*）、肠杆菌属（*Escherichia*）、细杆菌属（*Microbacterium*）、假单胞菌属（*Pseudomonas*）、红球菌属（*Rhodococcus*）、葡萄球菌属（*Staphylococcus*），其中肠杆菌属 5 株，节杆菌属 2 株，葡萄球属 2 株。优势菌相对不明显，并且含有大量的未培养微生物（10 株）。

通过对细菌 16S rDNA 和真菌 18s rDNA DGGE 图谱中可分辨的部分优势条带进行序列测定。结果发现，垫料中的优势细菌主要属于梭菌属（*Clostridium*）、芽孢杆菌属（*Bacillales*）、乳杆菌属（*Lactobacillus*）、甲基暖菌属（*Methylocaldum*）、节杆菌属（*Arthrobacter*）、马杜拉放线菌属（*Actinomadura*）、藤黄单孢菌属（*Luteimonas*）、肠杆菌属（*Escherichia*）、细杆菌属（*Microbacterium*）、假单胞菌属（*Pseudomonas*）、陶厄氏菌属（*Thauera*）、红球菌属（*Rhodococcus*）、束毛球菌属（*Tricnococcus*）、嗜冷杆菌属（*Psychrobacter*）、黄杆菌属（*Flavobacterium*）。垫料中的优势真菌主要属于曲霉属（*Aspergillus*）、枝顶孢属（*Acremonium*）、绳卷霉属（*Circinella*）、毛霉属（*Mucor*）、青霉属（*Penicillium*）、短帚霉属（*Scopulariopsis*）、向基霉属（*Basipetospora*）。

李志宇等对垫料使用初期（0～45 d）的垫料微生物进行了研究，试验期间，样品 DGGE 图谱条带和多样性指数显示出“升高、降低、升高”的变化趋势。初期细菌种类较多，但没有优势种群；随后温度升高，电泳条带逐渐增加，优势种群逐渐形成；高温期阶段大部分电泳条带亮度减弱，数目减少，细菌群落多样性下降，不耐受高温的菌群逐渐消失，并伴随着耐高温优势菌群的出现；降温阶段，电泳条带有所增加，甚至高于初始升温期条带数量，出现条带数量最大值，DGGE条带基本没有较大变化，微生物组成逐渐趋于稳定，细菌群落多样性较高。优势菌群主要为厚壁菌门(*Firmivutes*)、拟杆菌门(*Bacterodietes*)、变形菌门(*Proteobacteria*)，所占比例分别为55.2%、13.8%和31.0%。

三、基于宏基因组分析的垫料微生物群落多样性

著者等以短期(2个月，d1)、长期(12个月，d2)养猪发酵床垫料为对象，采用16S rRNA基因高通量测序技术研究垫料微生物的群落组成，分析细菌群落结构与垫料碳氮组成的相关性，d1.1～d1.5分别为全木屑、50%稻壳+50%木屑，50%酒糟+50%木屑，50%菌糠+50%木屑，50%醋糟+50%木屑，饲养2个月后采样；d2.1～d2.5分别为上述垫料1年后采样。该研究结果可为发酵床初期选择垫料及不同垫料的合理配比，提高粪尿原位转化效率提供参考。

(一) 垫料碳氮组成

垫料碳氮组成如表3-5所示。

表3-5 垫料碳氮组成

项目	组别	
	d1(养殖2月后)	d2(养殖1年后)
总氮/%(TN)	1.50±0.07[a]	1.73±0.10[a]
铵态氮/(mg·kg^{-1})(AN)	334.9±23.32[a]	372.7±23.45[a]
硝态氮/(mg·kg^{-1})	507.0±14.49[a]	567.7±18.93[b]
有机质/%	43.9±0.65[b]	41.5±0.52[a]
纤维素/%Cellulose(CL)	23.5±1.21[b]	18.2±0.65[a]
半纤维素/%	18.9±0.84[a]	16.1±0.91[a]
木质素/%	17.1±1.23[b]	11.7±0.81[a]

随着垫料使用时间的延长，总氮、铵态氮、硝态氮的含量呈上升趋势，硝态氮的含量显著增加；有机质、纤维素、半纤维素、木质素的含量呈降低趋势，有机质、纤维素、木质素的含量显著降低。

（二）OUT 分析和物种注释

为了研究垫料中的物种组成多样性，对所有样品的有效 Tags 进行聚类，以 97%的一致性将序列聚类成为 OTUs，d1、d2 观测到的平均 OUT 数量分别为 1318、1332。根据物种注释结果，猪发酵床垫料菌群主要是变形菌门（Proteobacteria）、厚壁菌门（Firmicutes）、放线菌门（Actinobacteria）、拟杆菌门（Bacteroidetes）、芽单孢菌门（Gemmatimondetes）、绿弯菌门（Cholroflexi）等。随着养殖时间的延长，放线菌门（Actinobacteria）、绿弯菌门（Cholroflexi）的相对丰度显著增加，由 21.3%、1.64%分别提高到 28.4%和 4.34%。

根据所有样品在属水平的物种注释及丰度信息，猪发酵床垫料菌群主要来自于漠河杆菌属（*Moheibacter*）、梭菌属（*Clostridium*）、*Chryseolinea*、特吕珀菌属（*Truepera*）、藤黄单孢菌属（*Luteimonas*）、芽孢杆菌属（*Bacillus*）、乳杆菌属（*Lactobacillus*）、嗜冷杆菌属（*Psychrobacter*）、热单孢菌属（*Thermomonas*）、假单胞菌属（*Pseudomonas*）、甲基暖菌属（*Methylocaldum*）、棒状杆菌属（*Corynebacterium*）、马杜拉放线菌属（*Actinomadura*）、土孢杆菌属（*Terrisporobacter*）、藤黄杆菌属（*Luteibacter*）等。

为进一步研究不同养殖时期样品间的差异，对垫料样品进行了 Metastats 分析，研究组间在属水平上差异显著的物种，结果如表 3－6 所示。

表 3-6　不同养殖时间的优势菌群相对丰度

差异菌(属)	相对丰度/%		P
	d1	d2	
Methylocaldum	0.405	2.862	0.012
Actinomadura	0.570	2.190	0.000
Ornithinimicrobium	0.600	1.328	0.005
Crenotalea	0.268	1.157	0.006
Mycobacterium	0.419	0.956	0.001
Sphaerisporangium	0.213	0.942	0.005
Longispora	0.144	0.617	0.000
Rhodococcus	0.323	0.574	0.015
Methylobacter	0.202	0.557	0.003
Paracoccus	0.304	0.434	0.025
Glycomyces	0.082	0.415	0.039
Pseudomonas	2.510	0.930	0.045
Psychrobacter	2.130	0.180	0.042
Sphingobacterium	0.502	0.107	0.006
Flavobacterium	0.479	0.086	0.002
Parapedobacter	0.147	0.060	0.011
Persicitalea	0.154	0.041	0.039
Paenalcaligenes	0.126	0.028	0.025

根据采样时间分组，研究优势菌属的相对丰度变化，结果发现两个时间段(2个月、d1)，有18个属的菌相对丰度有显著差异。随着养殖时间的延长，甲基暖菌属(*Methylocaldum*)、甲基杆菌属(*Methylobacter*)、马杜拉放线菌属(*Actinomadura*)、*Crenotalea*、*Ornithinimicrobium*、分枝杆菌属(*Mycobacterium*)、*Sphaerisporangium*、*Longispora*、红球菌属

(*Rhodococcus*)、副球菌属(*Paracoccus*)、糖霉菌属(*Glycomyces*)11 个属的物种相对丰度显著增加。其中,甲基暖菌属、马杜拉放线菌属的相对丰度,由 0.405%、0.570%分别提高到 2.862%、2.190%。假单孢菌属(*Pseudomona*)、嗜冷杆菌属(*Psychrobacter*)、黄杆菌属(*Flavobacterium*)、鞘氨醇杆菌属(*Sphingobacterium*)、*Parapedobacter*、*Persicitalea*、*Paenalcaligenes* 7 个属的物种显著降低,其中假单孢菌属、嗜冷杆菌属的相对丰度由 2.51%、2.13%分别下降到 0.93%、0.18%。

微生物区系及其优势微生物在垫料发酵和使用过程中起着非常重要的作用。发酵床垫料厚度是 60 cm,发酵床的微生物发酵功能区主要是在上层(0～30 cm),日常床面的通气管理也在上层。许多研究表明:细菌在垫料表层(0～30 cm)的分布量大于其他层次。张学峰等研究不同深度垫料对养猪土著微生物发酵床稳定期微生物菌群的影响,结果表明 0～30 cm 是微生物的核心发酵层。著者等前期的试验中发现垫料组成是影响发酵床垫料微生物构成的重要因素。郑雪芳等研究表明,0～5 个月的养殖时间内,基质垫料中细菌数量基本呈现先上升后下降的趋势,峰值在第 2 个月。

猪发酵床垫料菌群主要是变形菌门、厚壁菌门、放线菌门、拟杆菌门。有研究表明这 4 种主要的菌群也是粪便堆肥中的优势门类。在堆肥后期腐熟中,放线菌门细菌种类和数量均明显增多,主要参与物料中纤维素和木质素的降解。随着养殖时间的延长,养殖 1 年的发酵床垫料中,放线菌门的相对丰度显著高于养殖 2 个月。

养猪发酵床优势菌群主要是来自于漠河杆菌属、梭菌属、*Chryseolinea*、甲基暖菌属、特吕珀菌属、马杜拉放线菌属、芽孢杆菌属、藤黄单胞菌属、乳杆菌属、假单胞菌属、棒状杆菌属、嗜冷杆菌属、热单胞菌属、土胞杆菌属、藤黄杆菌属等。漠河杆菌属和梭菌属这两株菌的相对丰度最高,分别是 7.73%和 4.84%。漠河杆菌属于拟杆菌门黄杆菌科，参与粪便的生物降解。梭菌属的细菌广泛分布于土壤、污泥及动物肠道中，在猪粪堆肥中广泛存在堆肥的各个时期，在堆肥物料降解过程起重要作用。乳杆菌属作为重要的一种产乳酸细菌，广泛存在于发酵床垫料中，与粪便氨气、硫化氢等臭味气味的降解有关。优势菌群中的特吕珀菌属、棒状杆菌属、藤黄单孢菌属、热单孢菌属能够适应堆肥中的高温环境，与粪便氮素的硝化作用有关。

小贴士

养殖时间一定程度上影响了发酵床垫料的微生物群落多样性。发酵床菌群在垫料中能持续稳定地将猪粪尿进行原位降解，但优势菌群会随着垫料环境的变化而增减。

朱双红等运用 RFLP（Restriction Fragment Length Polymorphism）技术研究了保育期和育成期 1、2、3 年的垫料，结果发现随着使用年限增加，猪发酵床垫料中微生物群落的多样性有降低的趋势，但差异不显著。这些结果表明发酵床有着丰富的微生物多样性。夏季和冬季的发酵床垫料中的功能菌有所不同。陈倩倩等发现夏季有机物降解菌主要为特吕珀菌属和漠河杆菌属，冬季主要为假单胞菌属和硫假单胞菌属，分别适应高温和低温环境。著者对细菌群落进行了 Metastats 分析，结果发现随着养殖时间的延长，甲基暖菌属、甲基杆菌属、马杜拉放线菌属、分枝杆菌属、红球菌属和副球菌属等物种相对丰度显著增加。假单胞菌属、嗜冷杆菌属、鞘氨醇杆菌属、黄杆菌属等物种显著降低。有研究发现，在垫料有机质转化过程中，碳素以二氧化碳和甲烷等气体形式释放，二氧化碳与甲烷的排放呈负相关关系，发酵床存在甲烷氧化生成二氧化碳的生物途径。甲基暖菌属、甲基杆菌属是一类以甲烷为唯一碳源和能源的甲烷氧化菌，在好氧环境下能将甲烷氧化生成二氧化碳和水，是减少温室气体甲烷排放的重要菌群。垫料后期甲烷氧化菌显著增加，能有效氧化甲烷，减少发酵床中甲烷的排放。有研究表明分枝杆菌属与多酚氧化酶含量相关，鞘氨醇杆菌属与有机质、硝态氮含量相关，这两种优势菌群参与了垫料碳素和氮素的转化。养殖后期显著增加的红球菌属、副球菌属，属于异养硝化菌，能快速去除铵态氮。

（三）细菌群落结构与垫料碳氮组成的相关性分析

选取前35个优势属，分析与环境因子间相关性，进行属水平垫料中主要细菌群落结构与环境因子的 Spearman 相关性分析，结果如表3-7所示。

表3-7 优势菌属与环境因子的 Spearman 相关性分析

差异菌(属)	总氮	铵态氮	硝态氮	有机质	纤维素	半纤维素	木质素
Psychrobacter	−0.37	−0.30	−0.37	0.47	0.70*	0.55	0.59
Chryseolinea	−0.35	0.66*	−0.07	−0.02	−0.14	0.28	0.03
Pseudomonas	−0.56	−0.27	−0.15	0.49	0.79**	0.78**	0.73*
Corynebacterium_1	0.29	−0.64*	0.25	0.07	0.26	−0.10	0.02
Actinomadura	0.42	0.33	0.27	−0.54	−0.70*	−0.53	−0.60
Acinetobacter	−0.46	−0.03	−0.18	0.32	0.72*	0.82**	0.66*
Bacillus	0.20	−0.82**	−0.32	0.00	0.21	−0.15	0.16
Gelidibacter	−0.37	−0.61	−0.71*	0.55	0.74*	0.47	0.84**
Proteiniphilum	0.15	−0.66*	0.02	0.15	0.35	0.05	0.16
Ornithinimicrobium	0.52	0.16	0.52	−0.43	−0.77**	−0.77**	−0.82**
Crenotalea	0.72*	0.02	0.30	−0.38	−0.31	−0.55	−0.48
Steroidobacter	−0.27	0.66*	0.22	−0.21	−0.24	0.24	−0.16
Trichococcus	−0.24	−0.64*	−0.30	0.41	0.53	0.26	0.44

结果表明：芽孢杆菌属、棒状杆菌属、嗜蛋白菌属（*Proteiniphilum*）、明串珠菌属（*Trichococcus*）与铵态氮含量呈显著负相关，相关系数分别为－0.82、－0.64、－0.66、－0.64。*Chryseolinea*、*Steroidobacter* 与铵态氮含量呈显著正相关相关系数均为0.66。*Gelidibacter*、假单胞菌属、不动细菌属（*Acinetobacter*）、嗜冷杆菌属与纤维素含量呈显著正相关，相关系数分别为0.74、0.79、0.72、0.70；马杜拉放线菌属、*Ornithinimicrobium* 与纤维素含量呈显著负相关，相关系数分别为－0.70、－0.77。不动细菌属、假单胞菌属与半纤维素含量呈极显著正相关，相关系数分别为0.82、0.78；与木质素含量呈显著相关，相关系数分别为0.73，0.66。*Gelidibacter* 与木质素含量呈极显著正相关，与硝态氮呈显著负相关。

随着养殖时间的延长，垫料中硝态氮含量显著增加，有机质、纤维素、木质素的含量显著降低。Mantel test 分析表明垫料群落结构与纤维素含量显著正相关。垫料主要是由稻壳、菌糠、木屑等材料组成，使用初期，碳水化合物、脂肪酸化合物等易分解的有机物被菌群分解；使用中期，原料中一些稳定的木质素、纤维素成为垫料中的主要成分，垫料中纤维素的含量直接影响了垫料中的优势菌群。芽胞杆菌属于厚壁菌门，是粪便堆肥中的常见属，棒状杆菌具有很强的氮转化能力。刘国红等研究了养猪微生物发酵床芽胞杆菌的空间分布多样性，共获得芽胞杆菌452株，其中种类最多的为芽胞杆菌属。芽孢杆菌作为发酵床的优势菌群，能够分泌过氧化氢酶、脲酶、蛋白酶等酶类，利用猪粪迅速生长。著者研究中芽孢杆菌属、棒状杆菌属与垫料铵态氮含量呈显著负相关，究其原因可能与垫料中后期总氮含量升高，菌群参与了粪氮的硝化-反硝化作用有关。不动杆菌在以含纤维素农业废弃物为唯一碳源的基质上表现出高的纤维素酶活性，两个物种与纤维素、半纤维素、木质素的含量呈显著正相关，直接参与垫料木质素、纤维素的降解。嗜冷杆菌属是发酵床冬季垫料、粪便堆肥期的优势菌群，在发酵中可能主要参与纤维素的降解，与发酵床碳素转化有关。

第二节　影响发酵床微生物功能的因素

要点提示

发酵床的良好运行是功能菌群正常生长繁殖的过程。发酵床中微生物种类繁多，其生长繁殖受多种因素的影响，与垫料的理化性质、肠道微生物等多种因素密切相关。垫料的理化性质包括垫料中合适的温度、水分、充足的氧气、适合碳氮比例的营养源及pH值等方面。

一、垫料的理化性质

（一）碳氮比

微生物生存与繁殖需要一定的营养源，主要是碳源和氮源。发酵床系统中的有机物为微生物提供碳源，蛋白质和其他含氮物质等则为微生物构建细胞提供材料。碳氮比决定了微生物的生存和繁殖效率。合适的碳氮比能为发酵床功能菌群提供均衡生长所需的营养条件，保证畜禽粪便快速降解。

不同垫料原料的总碳、总氮、碳氮比，如表3－8所示。

表 3-8　发酵床不同原料的碳氮比

原料	总碳/%	总氮/%	碳氮比
木屑	56.16	0.26	213.54
稻壳	41.64	0.64	65.01
麦秸	47.09	0.68	69.25
稻草	45.39	0.63	72.30
菌糠	37.91	1.72	22.04
醋糟	53.65	2.45	21.90
玉米粉	38.55	1.74	22.16
麸皮	37.78	2.32	16.28

垫料采用木屑和稻壳为原料，因其总碳主要成分是纤维素和木质素，在微生物的作用下降解缓慢，可以保证发酵床较长的使用寿命。在发酵床垫料中添加菌糠、醋糟、麸皮等原料，因其可溶性糖的含量高，微生物繁殖速率加快，可以缩短进入高温发酵阶段的时间，从而加快碳氮比的降低速率。微生物正常生长的最佳碳氮比为 25∶1～30∶1，将碳氮比＞25∶1 的垫料与碳氮比＜25∶1 垫料有效组合，既能够延长垫料使用时间，降低饲养成本，又能为发酵床垫料中微生物提供充足的碳源与氮源，提高发酵的质量。

在运转良好的发酵床系统中，氮素代谢主要是微生物将铵态氮向硝态氮转化，大量氮素被固定，降低发酵床氨气的产生，而碳素渐渐被消耗降解，碳氮比会逐渐降低。尹微琴等研究了不同垫料组合的碳氮比变化。在一个养殖周期内，不同垫料原料的总碳、总氮、碳氮比的变化见表 3-9。

随着饲养时间的推移和粪尿的累积，在垫料微生物的作用下，垫料的碳氮比呈下降趋势，部分批次间差异显著。三种不同垫料中 0～

20 cm 的表层垫料率先降低至微生物活动的最适宜碳氮比值。由于木屑、稻壳等原料属于多孔结构，导致表层垫料进行好氧发酵，下层垫料厌氧发酵，而好氧发酵对碳源的利用率要高于厌氧发酵。不管在哪个层次，垫料Ⅱ和垫料Ⅲ的碳氮比的降低速率都快于垫料Ⅰ，由于酒糟、菌糠中含有较高的可溶性糖和土著微生物，加快了碳源的消耗，导致碳氮比降低加快。垫料原料中的碳氮比越高，维持发酵的时间越长。当碳氮比下降到 20 以下，微生物活动受阻，使得垫料中有机物质降解速率随之下降，垫料中的氮将以 NH_3 的形式挥发，应当及时补充新鲜垫料加以混合、堆翻，以满足发酵所需条件，防止“死床”发生，提高垫料的利用效率。

表 3－9　垫料碳氮比

时间/d	垫料Ⅰ		垫料Ⅱ		垫料Ⅲ	
	0～20 cm	20～40 cm	0～20 cm	20～40 cm	0～20 cm	20～40 cm
0	29.97±6.09ab	37.73±2.50ab	45.37±4.83a	35.45±2.46a	36.46±2.53a	37.15±1.99a
51	34.81±4.18a	35.11±4.01ab	28.74±3.36b	28.04±2.20ab	29.83±1.77b	29.60±2.76ab
59	33.61±3.81a	40.18±12.19a	21.54±1.68bc	21.33±2.74bc	22.81±2.30c	26.58±7.14ab
87	24.53±0.73ab	32.46±6.39ab	19.29±0.85c	25.70±6.03ab	17.85±0.57c	19.31±2.04b
117	18.29±0.85b	23.15±0.70b	14.85±1.22c	14.53±0.28c	16.71±1.86c	16.95±1.97b

* 垫料Ⅰ为稻壳/木屑，垫料Ⅱ为稻壳/木屑/酒糟，垫料Ⅲ为稻壳/木屑/菌糠。

（二）水分

发酵床垫料的含水量是发酵床微生物好氧发酵的又一重要因素。水分是发酵床微生物生存繁殖的必需物质，且由于吸水软化后的垫料易被分解，水分在发酵中移动时，可使菌体和养分向各处移动，有利于腐熟均匀，同时水分能够调节发酵床垫料通气性。对于常规的堆肥发酵，堆肥初期的适宜含水量在50%～60%，随着发酵温度上升导致的水分挥发，水分降至40%以下。发酵床不同于堆肥发酵，其养分和水分含量随着畜禽粪便量的增加而提高。发酵床启动初期的一个月内，垫料内碳水化合物的快速分解提高了床温，水分的挥发与畜禽的粪尿保持发酵床的含水量呈一个动态平衡。但在发酵床中期，碳水化合物含量下降，床温稳定，畜禽的粪尿增加，使得发酵床的含水量增加。一般可通过添加部分新垫料、增加翻扒次数、调整饲养量和加强通风管理等方式，控制发酵床的含水量在40%～50%之间。即在生产实践中用手紧握发酵床垫料，以手指缝隙湿润，但不滴水为宜。若含水量低于30%，则会限制微生物的运动及代谢，并使垫料达不到适宜的温度，垫料过干也会导致发酵床的表面积蓄灰尘，引起呼吸道疾病；若含水量高于60%，则会影响垫料透气性，导致厌氧发酵，产生臭味，并减慢粪便降解速率。

（三）氧气

畜禽排泄物中的有机物质是通过需氧微生物的增殖而被分解的，因此，氧气的含量直接影响发酵床中高温好氧菌的活动繁殖，进而影响发酵床温度和病原微生物的杀灭作用，并最终影响发酵床中有机物质的分解。氧气含量是通过供气实现的，其主要作用在于：为垫料中微生物提供氧气，调节温度，散出水分。一般情况下，发酵床垫料中的含氧量在5%～15%范围内较为合适，如果含氧量低于5%时，会导致厌氧发酵而产生恶臭，当氧含量超过15%时，温度降低，引起厌氧菌的大量繁衍，不利于畜禽排泄物和垫料的分解，甚至引起NH_3、H_2S等挥发性气体大量产生。

发酵床垫料载体的吸水性及孔隙度是影响发酵床含氧量的一个重要因素。表3-10为不同来源的垫料原料的通气及持水孔隙度。垫料中的氧气浓度与水分浓度直接影响发酵床中微生物的发酵方式。稻壳、酒糟等垫料原料的通气孔隙度较高，而木屑、菌糠等垫料原料的持水孔隙度较高，将稻壳、酒糟、木屑、菌糠等垫料载体混合可调节垫料水分，增加透气性，营造好氧环境，粪便中的好氧微生物代谢旺盛，可以快速降解粪便中的有机物质，及时排出发酵生成的废气和蒸腾的水汽。如果垫料的透气性差，氧气供应不足，会导致好氧性微生物受到抑制，厌氧微生物活动增强，不利于粪尿的正常降解与转化。

表3-10　不同垫料原料孔隙度及持水性

处理	总孔隙度/%	通气孔隙/%	持水孔隙/%	通气孔隙/持水孔隙
稻壳	66.99	54.51	12.48	4.43
木屑	64.41	23.44	40.97	0.58
麦秸	59.51	34.18	25.33	1.35
酒糟	69.43	47.65	21.78	2.19
醋糟	85.60	42.70	43.01	1.00
菌糠	75.78	15.40	60.38	0.26
棉花秸	70.15	33.84	36.30	0.93
中药渣	56.12	32.98	23.14	1.43

小贴士

翻堆是影响发酵床好氧发酵效率和品质的重要因素，垫料经常性翻耙管理，是增加发酵床垫料氧气通透性的一个重要措施。猪有拱食习性，会经常拱翻发酵床垫料，也可改善发酵床垫料的透气性，从而减少厌氧发酵。

不同翻耙频率对发酵床垫料微生物的影响，如表3-11所示。

表3-11 不同翻耙频率对发酵床垫料微生物的影响/(lgCFU/g)

微生物	不同处理	0	7d	14d	21d	28d
细菌	A	9.36	9.32	9.56	9.56	9.36
	B	9.47	9.36	9.35	9.60	9.31
真菌	A	5.12	5.38	5.27	5.51	5.39
	B	5.30	5.39	5.16	5.56	5.38
放线菌	A	7.86	7.92	7.79	7.75	7.75
	B	7.88	7.87	7.69	7.71	7.78
芽孢杆菌	A	7.43	7.55	7.41[a]	7.45[a]	7.40[a]
	B	7.38	7.74	7.82[b]	7.91[b]	7.87[b]
反硝化细菌	A	5.67	5.76	6.47[b]	6.49	6.56
	B	5.48	5.53	5.68[a]	6.15	6.23
硝化细菌	A	4.07	4.49	4.82	5.06	4.78
	B	4.26	4.59	4.77	4.87	

* A为一周一次的翻耙管理，B为一周两次的翻耙管理。

连续监测一个月的发酵床垫料不同种类的微生物状况。结果表明，提高翻耙频率，可以提高发酵床的氧气通透量，促进芽孢杆菌等好氧微生物的繁殖，减少反硝化细菌等厌氧微生物的生长。

（四）pH 值

pH 值是影响微生物活动很重要的一个因素，pH 值能影响微生物细胞对营养物质的吸收、酶活性和有害物质的毒性，影响有机物质的水解酸化速率，并且决定了水解酸化产物的分配。发酵床功能菌群发酵一般需要弱碱性环境，同时 pH 值也是调节发酵床中 NH_4^+ 与氨平衡的重要指标。若 pH 值偏低（pH 值＜6.0），平衡转向 NH_4^+ 方向，氨气挥发减少，发酵床中功能菌群发酵效率减弱，粪便降解速率降低，反之，若 pH 值偏高（pH 值＞8.0），会导致氨气大量挥发，同样不利于猪粪尿的降解。发酵床功能菌群的适宜 pH 值一般在 7.5 左右，属微碱性环境。

张莉等对发酵床垫料 pH 值进行监测发现，前 5 d 垫料中检测出较高浓度的乙酸、微量丙酸和丁酸，pH 值呈现降低趋势，至第 5 d 时降低至 6.43，酸碱度由中性转变成偏酸性。第 5d 后，发酵床开始承载猪粪尿，微生物菌群不断将其分解为铵态氮和硝态氮，pH 值呈现缓慢升高的趋势。在 10～30 d 期间，pH 值在 6.43～7.45 之间波动。发酵床形成的关键时期主要在垫料接种前一周，如果运转良好，好氧发酵占优势，有机酸浓度会降至很低水平，若管理不当，厌氧发酵占优势，则会产生大量有机酸以及恶臭物质。

陆扬等对发酵床养猪垫料中养分转化与植物毒性的研究显示，垫料酸碱度由开始的中性转变为偏碱性，至第二批猪只饲养结束时，垫料 pH 值为 8.16。在发酵过程中，会产生有机酸类物质，但同时也会生成大量的氨，使垫料的酸碱性趋于中性。垫料中的多数物质会对酸碱度的变化产生缓冲作用，也可通过翻耙垫料或其他措施调节酸碱度，以适应发酵床垫料中有益微生物的活动繁殖。

（五）温度

适宜的温度能够促进微生物生长，温度过高或过低都会影响微生物的生长和代谢。参与发酵的微生物，通常在 30 ℃以上的环境温度下增殖旺盛，过高的温度会对功能菌群自身的活力产生抑制。维持发酵床适宜温度的垫料厚度为 60～80 cm。何侨麟等在发酵床中央表面及 10 cm、20 cm、30 cm、40 cm 等 4 个断面的温度测定中发现，发酵床不同断面温度由表及里呈先上升后下降的趋势，其中 10 cm、20 cm、30 cm 区间段内呈上升趋势，至 40 m 时又呈下降趋势。发酵床垫料表层温度与 10 cm 断面温度差异显著，与 20 cm、30 cm、40 cm 断面温度差异极显著。陆扬等发现在猪入栏前，经过接种的微生物发酵作用，发酵床垫料内部温度已经达到 41 ℃左右，至 1 周时，发酵床垫料内部温度升高至 54 ℃，至 1 月时垫料温度保持在 45 ℃左右。在猪进栏前的发酵床启动阶段，更需要适宜的温度。温度过低不能形成有效的发酵，易导致发酵菌群功能衰败。

在启动发酵时，添加菌剂能提升垫料温度。如试验组 3(复合菌剂组)在第 5 d 能达到 52 ℃，温度最高，升温效果最佳(图 3－2)。

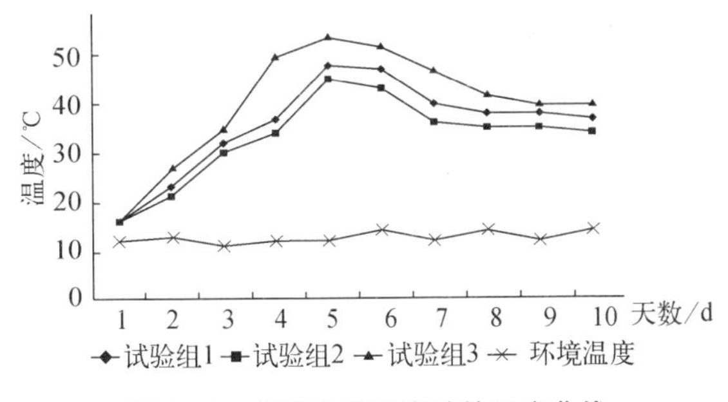

图 3－2　发酵床启动发酵的温度曲线

二、肠道微生物

发酵床含有丰富的有机物，是一个特殊复杂的微生态环境，垫料微生物多样性除了受发酵菌剂、发酵床基质营养因素的影响，还与生猪肠道微生物紧密相关。肠道微生物受宿主的年龄、饲养环境及日粮的影响。肠道菌群组成最大的决定因素是饲粮的营养水平及抗生素、益生菌、酸化剂等饲料添加剂。抗生素的添加维持畜禽维持短期的健康状态，而这种健康是一种伪健康，不仅导致畜禽肠道有益菌被抑制，菌群平衡被破坏，而且畜禽经常反复接触某种抗生素后会在体内产生抗药性。益生菌是一类通过调控动物肠道微生物区系平衡，进而有效促进宿主动物健康生长的微生物活菌制剂，因此被认为是具有广阔开发和应用前景的抗生素替代品。

饲粮中添加芽孢杆菌制剂能改善动物肠道，提高消化吸收功能，抑制有害菌的增殖，提高机体免疫力，是具有潜力的抗生素替代品。饲用芽孢杆菌的研究主要集中于传统水冲圈养殖，著者等研究了饲粮中添加芽孢杆菌对发酵床的理化性质和微生物对发酵床的理化性质和垫料微生物群落的影响，如表 3－12 所示。

表 3－12　地衣芽孢杆菌对仔猪肠道主要菌群数量的影响/(lg CFU/g)

项目	对照组	抗生素组	益生菌组
细菌总数	8.20±0.25	7.77±0.25	8.37±0.28
乳酸杆菌	7.58±0.17	7.63±0.12	7.89±0.08
大肠杆菌	7.00±0.09a	6.21±0.16b	6.66±0.26ab
芽孢杆菌	6.00±0.05b	6.03±0.06b	6.36±0.03a

注：* 抗生素组添加 40 mg/kg 杆菌肽锌和 20 mg/kg 硫酸黏杆菌素

饲料中添加地衣芽孢杆菌能显著提高仔猪盲肠芽孢杆菌数量；乳

酸杆菌数量比对照组提高3.43%，大肠杆菌比对照组降低4.86%，但差异均不显著；抗生素组大肠杆菌数量比对照组显著降低。

地衣芽孢杆菌对发酵床垫料微生物数量的影响，如表3-13所示。

表3-13 益生菌对发酵床垫料主要菌群数量的影响/(lg CFU/g)

项目	时间/d	对照组	抗生素组	益生菌组
细菌总数	15	9.08±0.51	9.03±0.18	9.12±0.12
	35	9.04±0.23	8.96±0.11	9.25±0.04
	49	9.27±0.24	9.16±0.23	9.30±0.09
放线菌	15	7.29±0.12[a]	6.76±0.11[b]	7.02±0.13[ab]
	35	6.58±0.11	6.44±0.06	6.74±0.10
	49	6.27±0.12	6.36±0.08	6.53±0.09
真菌	15	6.29±0.25	6.32±0.12	6.13±0.08
	35	6.53±0.09	6.57±0.17	6.47±0.26
	49	6.35±0.23	6.43±0.08	6.39±0.23
芽孢杆菌	15	7.36±0.15	7.25±0.09	7.25±0.06
	35	7.31±0.07[b]	7.13±0.02[c]	7.51±0.05[a]
	49	7.59±0.15[ab]	7.40±0.06[b]	7.70±0.06[a]
金黄色葡萄球菌	15	5.80±0.31	5.62±0.19	5.87±0.03
	35	6.13±0.23	6.02±0.08	6.05±0.12
	49	6.20±0.06[a]	5.81±0.07[b]	5.97±0.08[ab]
大肠杆菌	15	5.57±0.31	5.48±0.15	5.47±0.25
	35	6.45±0.13	6.34±0.10	6.38±0.02
	49	6.81±0.18	6.54±0.10	6.72±0.13

发酵床垫料微生物主要由细菌组成，其中，芽孢杆菌的分布数量要大于金黄色葡萄球菌、大肠杆菌，三种细菌的分布数量分别为7.13～7.70 lgCFU/g，5.62～6.20 lgCFU/g，5.47～6.81 lg CFU/g。

试验第 15 d 时，抗生素组的垫料放线菌数量显著低于对照组；第 35 d 时，益生菌组的芽孢杆菌数量显著高于其他组；第 49 d 时，益生菌组的芽孢杆菌数量显著高于抗生素组，抗生素组的葡萄球菌数量比对照组显著降低；益生菌组、抗生素组的大肠杆菌低于对照组，抗生素组的细菌总数、芽孢杆菌数量低于对照组，但差异均不显著，饲粮抗生素一定程度上减少了垫料益生菌，但能有效减少垫料病原菌。

为了进一步揭示饲料添加剂对垫料微生物区系的影响，采用 UPGMA 对垫料样品的 DGGE 指纹图谱作相似性聚类分析，对照组与益生菌组在 66%的相似性水平上聚为一类。抗生素组与对照组的相似性低，仅为 53%。

饲用地衣芽孢杆菌对发酵床垫料理化性质的影响，如表 3 - 14 所示。

表 3 - 14　益生菌对发酵床垫料蛋白酶、脲酶活性和铵态氮含量的影响

项目	时间	对照组	抗生素组	益生菌组
蛋白酶/(U/g)	15 d	5.15±0.89[b]	6.82±1.29[b]	10.06±2.04[a]
	35 d	4.22±1.00[b]	6.31±1.53[ab]	8.75±2.43[a]
	49 d	7.18±1.81[ab]	6.92±1.18[ab]	10.04±2.71[a]
脲酶/(U/g)	15 d	1.56±0.24	1.51±0.19	1.42±0.33
	35 d	1.31±0.23	1.37±0.13	1.51±0.07
	49 d	1.62±0.15	1.67±0.13	1.96±0.23
铵态氮/(mg/kg)	15 d	238.66±23.00	241.39±31.60	268.54±18.92
	35 d	261.13±25.37	295.94±33.41	275.85±15.98
	49 d	291.31±34.51	314.88±79.77	325.21±68.28

饲粮中添加地衣芽孢杆菌能显著提高发酵床垫料蛋白酶活性，对垫料脲酶活性和铵态氮含量无显著影响。饲用地衣芽孢杆菌能显著

增加垫料中芽孢杆菌分布数量，提高垫料中垫料蛋白酶活，没有显著影响垫料细菌多样性指数，一定程度上提高了粪便原位降解效率。发酵床饲养猪的肠道与垫料间的菌群具相关性。发现不同年龄猪的肠道内容物以及不同圈舍的发酵床垫料分离到的细菌种类相同，这表明在发酵床养猪的过程中，垫料中的细菌来自空气、植物碎屑和猪肠道内容物，猪肠道内容物中的细菌主要来自垫料、饲料和细菌的早期定植。肠道细菌和垫料中的细菌在种类上基本相同，但在构成比例上不同，表明肠道细菌与垫料环境之间具有双向的选择性和适应性。

小贴士

仔猪出生后，从母猪粪便和环境逐步获得各种细菌，构建自身消化道正常菌群，对于其健康和生产性能至关重要。在此过程中，发酵床提供稳定而丰富的菌群和较稳定的温度和湿度，与消化道相近，较快并持续增加了消化道两端胃和结肠菌群多样性，保持较高比例的乳酸菌属，一定程度上抑制或减缓弯曲菌属、志贺菌属、埃希氏菌属生长增殖，从而减少仔猪腹泻的发病率。有研究表明，发酵床饲养的猪盲肠和结肠内容物中大肠杆菌、沙门氏菌数量明显降低，而乳酸杆菌和双歧杆菌数量显著升高，仔猪的腹泻率明显下降。

第三节　发酵床优势功能菌的筛选

一、发酵床优势菌群

在高效发酵床垫料系统中，微生物活动主要以有氧发酵为主，功能菌群能够快速分解粪尿，主要是好氧及兼性好氧菌，包括芽孢杆菌、乳酸杆菌、酵母及曲霉菌、放线菌等。

（一）芽孢杆菌

芽孢杆菌广泛存在于自然界中，是一类好氧腐生细菌，在发酵床中以内生孢子形式存在，具有耐高温、耐酸碱、抗挤压等优点。芽孢杆菌能自身合成消化性酶类，如蛋白酶、脂肪酶等，可分解粪便中有机物，降低粪便产生的氨气。芽孢杆菌菌体在生长过程中产生的枯草菌素、多黏菌素等活性物质，对致病菌或内源性感染的条件致病菌有明显抑制作用。饲喂芽孢杆菌能调节动物肠道菌群平衡，改善肠道微生态环境，有效维持动物机体健康，提高机体免疫力。

（二）乳酸菌

乳酸菌从形态上主要分为球状和杆状两大类，按照生化分类法，乳酸杆菌可分为乳杆菌属、链球菌属、双歧杆菌属等 5 个属。在乳酸菌中，乳酸杆菌是最大的一个属。乳酸杆菌分布广泛，动物和人类从口腔到直肠始终都有该菌存在，能发酵一定的糖类产生乳酸。乳酸具有很强的杀菌能力，能有效抑制有害微生物的活动从而避免有机物的急剧腐败分解。肠道中大肠杆菌数量减少或丢失，出现菌群失调，可能会导致许多疾病发生，若肠道中乳酸杆菌数量增加，区系得到平衡，就可以促进机体健康和治疗各种疾病。另外，在饲料工业中广泛运用的粪肠球菌，在发酵床体系中对于抑制大肠杆菌等病原菌方面也具有重要作用。

（三）酵母菌

酵母是一种单细胞真菌，在有氧和无氧环境下都能生存，属于兼性厌氧菌。它可利用氨基酸、糖类及其他有机物质产生发酵力，其特有的氧化分解酶系可直接降解高浓度油脂类物质，产生动物不可缺少的养分——SCP单细胞蛋白。酵母菌生产的SCP，富含高蛋白，多种维生素（如维生素A、维生素E等）、氨基酸及Ca、K、Fe等微量元素。酵母菌在发酵床内能够为其他微生物（乳酸菌、放线菌等）的增殖提供重要的给养保障。

（四）曲霉菌

曲霉菌是发酵工业和食品加工业的重要菌种，已被利用有近60种。广泛分布在谷物、空气、土壤和各种有机物品上。主要作用是酿酒，制醋等。而其中的米曲霉是曲霉属真菌中的一个常见种，主要在粮食、发酵食品、腐败有机物和土壤等处。米曲霉是一类产复合酶的菌株，除产蛋白酶外，还可产淀粉酶、糖化酶、纤维素酶、植酸酶等。曲霉菌在发酵床内能促进粪便内淀粉、纤维素、木质素等碳素的转化。

（五）放线菌

放线菌可以分解一些纤维素、溶解木质素，比真菌能够忍受更高的温度和pH值。放线菌降解纤维素和木质素的能力没有真菌强，但它们在粪便堆肥高温期是分解木质纤维素的优势菌群。作为放线菌中的链霉菌是在堆肥中占优势的嗜热性放线菌，而放线菌中的棒状杆菌、马杜拉放线菌则在发酵床垫料腐熟化过程中发挥重要作用。

二、发酵床功能菌剂的筛选

在发酵床体系中，功能菌剂的筛选主要以芽孢杆菌为主。张庆宁等从发酵床垫料中筛选出14株优势细菌，经鉴定均菌属于芽孢杆菌属，芽孢杆菌能够适应发酵床中高温环境，除臭效果良好，在发酵床中发挥优势作用。刘波等在发酵床垫料中添加枯草芽孢杆菌和凝结芽孢杆菌，结果发现两个菌种在短期内（1～2 个月）都能很好地发挥基质垫层分解粪便排泄物的功能。

小贴士

发酵床是一个复杂的微生物区系，单一的菌种无法满足垫料中粪便的降解要求。另一方面，随着猪的进栏、育肥到出栏消毒，发酵床垫料中的养分、孔隙度（含氧量）是动态变化的，垫料的理化性质发生了根本性的改变。而垫料是微生物生理活动的环境载体，垫料理化性质的改变直接影响到垫料中有益微生物的活力，也决定了垫料微生物的种类。

著者等开发了一种猪发酵床三元复合菌剂。在养殖的不同阶段（进栏、养殖、出栏），采取三种不同的微生物复合菌剂组合，充分发挥菌剂中各微生物的协同作用，能够减少功能微生物和氮素等营养物质的流失，抑制病原菌，提高猪粪原位降解的效率，保障猪的健康清洁生产。

猪发酵床三元复合菌剂，由复合菌剂Ⅰ（启动菌剂），复合菌剂Ⅱ（维护菌剂）和复合菌剂Ⅲ（堆积菌剂）组成。

复合菌剂Ⅰ（启动菌剂）由康宁木霉，地衣芽孢杆菌和解淀粉芽孢杆菌组成。该复合菌剂是在第一次进猪前的垫料基质铺设时添加。功能菌株在分泌蛋白酶、淀粉酶、纤维素酶，分解木质素，协同分解垫料中的有机碳的同时，能快速启动发酵床基质的发酵，杀灭有害病菌，起到高温消毒的作用，保障猪群的顺利转群，减少猪群的转群应激。

复合菌剂Ⅱ（维护菌剂），由褐球固氮菌、粪肠球菌、侧孢芽孢杆菌、解淀粉芽孢杆菌、枯草芽孢杆菌组成。该复合菌剂是在猪进栏后

1～2个月，使用于发酵床饲养管理期的基质日常维护，提高猪粪原位降解效率。复合微生物菌剂，含有机质转化菌（解淀粉芽孢杆菌、枯草芽孢杆菌）、固氨除臭菌（褐球固氮菌、粪肠球菌）和病菌抑制菌（侧孢芽孢杆菌、枯草芽孢杆菌、粪肠球菌）。各个菌株协同作用，能快速转化粪便，除臭固氨，抑制病原菌，促进猪群的健康生长。另一方面，在发酵床的日常维护中，应以转化粪便、固氨除臭为生产目的。含降解木质素、纤维素的菌株会分解垫料基质，影响垫料使用年限。复合菌剂Ⅱ维护菌剂未添加降解纤维素、木质素的菌系组合，不会无谓地降解垫料，从而延长发酵床垫料使用寿命。

复合菌剂Ⅲ（堆积菌剂），由米曲霉、链霉菌、褐球固氮菌、康宁木霉和地衣芽孢杆菌组成。该复合菌剂用于猪出栏后垫料的高温堆积发酵。康宁木霉、米曲霉、地衣芽孢杆菌能快速降解纤维素、木质素，从而使发酵床基质升温发酵，杀灭有害菌，起到高温消毒的作用，促进猪粪的深度腐熟，同时链霉菌、褐球固氮菌能在升温的过程中减少氮、磷损失，增加垫料基质肥效。

参考文献

[1] 宦海琳，闫俊书，周维仁，等. 不同垫料组成对猪用发酵床细菌群落的影响[J]. 农业环境科学学报，2014，33(9)：1843－1848.

[2] 李志宇. 动物养殖发酵床中微生物变化规律的研究[D]. 大连：大连理工大学，2012.

[3] 宦海琳，白建勇，闫俊书，等. 日粮添加地衣芽孢杆菌对仔猪发酵床垫料理化性质及微生物群落的影响[J]. 农业环境科学学报，2017，36(10)：2114－2120.

[4] 郑雪芳，刘波，朱育菁，等. 养猪发酵床垫料微生物及其猪细菌性病原群落动态的研究[J]. 农业环境科学学报，2016，33(5)：425－432.

[5] 邱艳君,龙炳清,闫志英,等. 两株乳酸菌的分离及其除臭性能[J]. 应用与环境生物学报,2013,19(3):511-514.

[6] Chen Q Q, Liu B, Wang J P, et al. Diversity and dynamics of the bacterial community involved in pig manure biodegradation in a microbial fermentation bed system[J]. Annals of Microbiology, 2017, 67(7): 491-500.

[7] 朱双红. 猪生物发酵床垫料中细菌群落结构动态变化研究[D]. 武汉:华中农业大学,2012.

[8] 陈倩倩,刘波,王阶平,等. 基于宏基因组方法分析养猪发酵床微生物组季节性变化[J]. 农业环境科学学报,2018,37(6):1240-1247.

[9] 肖维伟. 禽粪便及废弃物好氧堆肥中氮转化细菌的研究[D]. 哈尔滨:东北农业大学,2008.

[10] 王霖,种云霄,余光伟,等. 黑臭底泥硝酸钙原位氧化的温度影响及微生物群落结构全过程分析[J]. 农业环境科学,2015,34(6):1187-1195.

[11] 司文攻,吕志刚,许超. 耐受高浓度氨氮异养硝化菌的筛选及其脱氮条件优化[J]. 环境科学,2011,32(11):3448-3454.

[12] 刘国红,刘波,王阶平,等. 养猪微生物发酵床芽胞杆菌空间分布多样性[J]. 生态学报,2017,37(20):6914-6932.

[13] 肖维伟,曹立群.喻其林,等. 鸡粪好氧发酵中异养亚硝化细菌的筛选及转化能力[J]. 中国农业大学学报,2008,13(3):85-89.

[14] 张庆宁,胡明,朱荣生,等.生态养猪模式中发酵床优势菌群的微生物学性质及其应用研究[J].山东农业科学,2009(4):99-105.

[15] 刘波,郑雪芳,朱昌雄,等.脂肪酸生物标记法研究零排放猪舍基质垫层微生物群落多样性[J].生态学报,2008,28(11):5488-5497.

[16] 宦海琳,闫俊书. 一种猪发酵床三元复合菌剂,授权发明专利号:201410130166.5.

[17] 尹微琴,李建辉,马晗,等. 猪发酵床垫料有机质降解特性研究[J]. 农业环境科学学报,2015,34(1):176-181.

[18] 张莉,吴松成,李卿,等.发酵床养猪微生物降解系统调控研究[J].中兽

医医药杂志. 2011,5.

[19] 陆扬,吴淑航,周德平,等. 发酵床养猪垫料的养分转化与植物毒性研究[J]. 农业环境科学学报. 2011,30(7):1409-1412.

[20] 何侨麟,甘乾福,江志华,等. 生物发酵床不同断面温湿度变化与猪舍环境小气候的关联研究[J]. 中国农学通报. 2012,288(23):15-17.

[21] 宦海琳. 猪用发酵床垫料碳氮转化和微生物群落结构的研究[J]. 农业工程学报,2018,34(增刊):27-34.

[22] 周学利,吴锐锐,李小金,等. 发酵床养猪模式中猪肠道与垫料间的菌群相关性分析[J]. 家畜生态学报,2014,35(2):70-75.

第4章　发酵床饲养猪的生长性能

要点提示

发酵床饲养是一种环境富集型饲养方式，丰富的环境因素对猪提高采食量有促进作用。发酵床饲养对于猪生产性能的影响报道并不一致。在遗传背景和日粮相同的条件下，季节因素对发酵床猪的生产性能影响较大。总体来讲，发酵床饲养能提高断奶仔猪和育肥猪的日增重，降低料重比，提高猪的生长性能。

第一节　季节与发酵床饲养猪的生长性能

一、夏季发酵床饲养猪的生长性能

发酵床饲养与传统水泥地面饲养相比，降低了仔猪腹泻率，显著提高日增重，降低料肉比。生长猪肠道健康抗病力强，有利于猪生长性能的提高(表 4－1)。

韩艳云等认为，夏季发酵床气温高出水泥地面舍 2～3 ℃，在南方，夏季发酵床饲养与水泥地面饲养相比，保育猪日增重降低了 14.6%，保育猪和生长猪料肉比分别提高了 11.7%和 9.8%。南方地区发酵床饲养只适合于除夏季以外季节饲养。

郭玉光等研究了江苏夏秋季发酵床饲养方式对杜梅二元猪生产性能的影响，试验于 2011 年 8 月 10 日至 11 月 19 日在太仓市种猪场进行。选用50日龄左右的杜梅二元(♂杜洛克×♀梅山)黑猪44头，初始体重20.1±0.69 kg，随机分成2组，每组4个重复，分别饲养在发酵床舍和水泥地面舍内，每圈4～6只不等。至8月25日，正式试验开始，将个体重新分配，除去4头失格个体，将剩余40头猪在保证每种饲养方式公母各半的前提下，平均分配到发酵床舍和水泥地面舍内。试验猪用相应阶段的配合饲料。试验期间8月10日至9月17日发酵床猪舍内气温均低于水泥地面舍和舍外气温，而9月17日至11月19日发酵床猪舍内气温均高于水泥地面舍和舍外气温。

不同饲养方式对育肥猪生长性能的影响，如表4-2所示。

发酵床组猪日增重在90～130日龄期间略低，其他阶段皆高于水泥地面组，但差异不显著；发酵床组猪采食量总体趋势高于水泥地面组，仅70～90日龄期间略低；发酵床组料重比在50～90日龄期间低于水泥地面组，90～130日龄期间高于水泥地面组，130～150日龄阶段两种饲养方式持平。

90～130日龄肥育阶段猪只体重为45～65 kg，发酵床气温(22.5 ℃)较水泥地面圈(21.6 ℃)高，采食量高4.7%，料重比亦高于水泥地面组。发酵床组日增重、采食量比水泥地面组分别提高了6.4%和9.9%，料重比均为3.32。说明发酵床对猪的生产性能具有促进作用。

小气候环境改变是促进猪生长的关键因素。猪的适宜生长温度范围为20～32 ℃。发酵床垫料在夏季不利于散热，易引起热应激，导致生产性能下降。发酵床与水泥睡台结合的饲养方式有利于猪只降温。在高温高湿的南方地区，发酵床养猪在夏季要采用适当的降温措施。冯幼等通过采用定时喷雾结合负压通风的方法，研究了福建夏季发酵床饲养对28日龄断奶仔猪生长性能的影响。结果表明，至70日龄时仔猪日增重比对照高床组提高了6.09%，料肉比降低了4.02%，腹泻率也降低了66.9%(表4-3)。

表 4-1 夏季发酵床饲养对猪生长性能的影响

试验时间	地区	体重/kg	平均日增重/g		料重比		作者
			发酵床	对照组	发酵床	对照组	
2010.6	乌鲁木齐	29～110	790.0	785.5	3.01	3.13	田明亮等
2009.7	湖南湘潭	46～140	874.0	840.0	3.01	3.10	吴买生等
2010.3	安徽淮北	25～63	620.0	613.0	2.46	2.61	丁小玲等
2011.4	浙江金华	—	746.6*	681.3	2.88	3.02	章红兵等
2011.5	福建龙岩	—	455*	415.0	2.76*	2.88	刘金林
2010.7	福建	8～24	390.2*	367.8	1.67	1.74	冯幼等
2007.5	浙江	22～92	721.0*	653.0	3.09*	3.32	彭乃木等

表 4-2 不同饲养方式下的育肥猪生长性能

日龄	日增重/(g/d)		日采食量/(g/d)		料重比	
	水冲圈	发酵床	水冲圈	发酵床	水冲圈	发酵床
50～70	360±19.7	396±23.7	898±47.9	969±41.7	2.51±0.66	2.46±0.15
70～90	408±31.3	422±21.7	1045±29.9	1003±41.5	2.61±0.22	2.39±0.10
90～110	561±12.0	542±41.2	1407±29.6	1429±30.3	2.51±0.05	2.68±0.17
110～130	700±43.9	693±40.4	1761±34.3	1888±57.6	2.42±0.14	2.74±0.12
130～150	669±33.2	712±74.4	2207±60.9	2425±52.5	3.32±0.15	3.32±0.12

表 4－3 南方夏季发酵床饲养对断奶仔猪生长的影响

组别	平均日增重/g	平均采食量/g	料肉比	腹泻率/%
高床组	367.8±6.1	638.8±9.1	1.74±0.03	13.65±1.12
发酵床	390.2±7.3	649.2±14.7	1.67±0.03	4.52±0.25

二、秋冬季节发酵床饲养猪的生长性能

相对于夏季，秋冬季节发酵床对猪生长性能的促进作用较为明显。发酵床垫料发酵热的保暖性能发挥作用，提供给猪更为舒适的生长环境，加上能够为猪提供自由表达天性的场所，促进了猪的生长，提高免疫水平，日增重水平较高，料重比较低。

著者于 2013 年 10 月 22 日至 2013 年 11 月 25 日，在江苏省农业科学院六合试验基地按照密度一致原则（0.67 m^2/头），将 88 头体重相近（10.4±0.36 kg）的 35 日龄断奶苏钟仔猪（公母各半）随机分为两组，即水泥漏缝地板保育饲养组和发酵床饲养组。每组设 4 个重复。适应 14 d 后，进入试验期，试验期为 21 d。自由采食和饮水。试验期间记录仔猪日均采食量，分别于仔猪 49 日龄和 70 日龄时进行个体称重，按重复计算仔猪的日增重和料肉比。整个试验期间的平均温度为 10 ℃左右，舍内空气相对湿度 84%。

发酵床对仔猪生长性能的影响，如表 4－4 所示。

表 4－4 发酵床对仔猪生长性能的影响

项目	漏缝地板饲养	发酵床饲养
始重/kg	14.4±0.11	14.3±0.89
末重/kg	27.7±1.18	26.5±2.06
平均日采食量 ADFI/g	1122.2±91.37	1026.6±70.4
平均日增重 ADG/g	663.4±61.33	609.5±58.8
料重比/(F/G)	1.69±0.08	1.69±0.15

由表 4－4 可见，尽管发酵床组仔猪的末体重、日均采食量和日增重低于水泥漏缝地板组，但两者之间无显著差异；在仔猪料肉比（F/G）方面，发酵床与水泥漏缝地板组之间表现出高度相似。试验表明，发酵床饲养对仔猪日采食量、日增重和料肉比均无显著影响。

大量研究表明，寒冷季节发酵床饲养方式有利于提高猪的生长性能。秋冬季节发酵床饲养对生长性能的影响，如表 4－5 所示。

寒冷季节发酵床饲养提高猪生长性能的主要原因有以下两点：

（1）发酵床饲养提高了舍内环境温度　我国北方冬季气温较低，这时发酵床垫料的保暖性能发挥作用，猪只冷应激产生的体热交换显著减少；提供给猪只更为舒适的生活环境，猪能够自由表达天性，提高免疫水平，日增重水平较高，料重比较低。水泥地面饲养方式下猪只冷应激临界温度为 19～20 ℃。11 月份，舍外气温降至 18.2 ℃以下，水泥地面圈气温 18.6 ℃，比发酵床舍温 19.9 ℃低。发酵床组与水泥地面组的日增重分别为 711.7 g/d 和 669.1 g/d，发酵床组比水泥地面组提高了 6.4%。

发酵床垫料保温性好，气温较低时，发酵床松软垫料经过猪拱翻后形成一个个凹陷的“棉垫”，起到良好的保温效果，同时垫料中粪尿酵解产热，垫料表层温度为 20～25 ℃，比空气温度高 2～4 ℃，核心最高温度 50 ℃以上，温暖舒适的生长环境，冬季猪多卧于其中。

（2）发酵床饲养改善了舍内空气质量　寒冷季节发酵床舍内氨气浓度及悬浮颗粒浓度显著低于水泥地面舍，良好的空气质量利于猪的健康生长。

表4-5　冬季发酵床饲养对猪生长性能的影响

试验时间	地区	体重/kg	平均日增重/g		料重比		作者
			发酵床	对照组	发酵床	对照组	
2007.11～2008.3	山东	20～100	758*	720	2.69*	2.79	盛清凯等
2009.12～2010.1	广西桂林	60～99	957*	906	3.16	3.27	李玉元等
2007.11～2008.3	山东	20～101	780*	741	2.65*	2.72	王城等
2007.11～2008.3	安徽怀远	26～119	750*	680	3.0	3.5	路振香等
2009.11～12	湖南浏阳	22～59	770.8*	741.7	2.1*	2.24	苏铁等
2007.11～2008.2	甘肃临洮	13～98	730*	625	2.92	3.48	苟宪福等
2009.9～2010.1	贵州贵阳	20～109	808.2*	750.9	2.75*	2.81	简志银等
2007.12～2008.1	湖北武汉	24～91	830*	729	2.49*	2.79	帅起义等

第二节　发酵床饲养的生长育肥猪生产性能

著者等于 2013 年 11 月至 2014 年 3 月研究了冬季发酵床饲养对苏钟猪生长育肥猪生产性能的影响，如表 4－6 所示。

表 4－6　冬季发酵床饲养对生长育肥猪生长性能的影响

	饲养方式		
项目	水泥地面	发酵床	P～value
生长期			
始重/kg	27.2±1.45	26.9±1.09	0.79
末重/kg	72.1±2.01	74.9±1.44	0.08
平均日采食量/kg	1.71±0.07[b]	1.91±0.04[a]	<0.01
平均日增重/g	669.7±18.01[b]	716.5±27.65[a]	0.04
料肉比	2.56±0.08	2.67±0.13	0.24
育肥期			
末重/kg	99.1±1.96	101.2±1.34	0.16
平均日采食量/kg	2.86±0.19	3.04±0.05	0.15
平均日增重/g	817.4±52.93	795.4±38.12	0.56
料肉比	3.52±0.42	3.82±0.18	0.29
全期			
平均日采食量/kg	2.09±0.10[b]	2.28±0.03[a]	0.02
平均日增重/g	718.5±19.47	742.5±15.11	0.13
料肉比	2.91±0.18	3.07±0.58	0.61

由表 4－6 可见，在生长期(27～70 kg)，与水泥地面组相比，发酵床饲养显著增加了猪的平均日采食量(ADFI)和平均日增重(ADG)，对猪末重有提高趋势，但对料肉比(F/G)无显著影响；在育肥期(70～

100 kg)，尽管发酵床饲养组猪在末重、采食量及料肉比等方面与水泥地面猪之间均无显著差异，但分别增加了 2.2%、6.3%和 8.5%。从全期来看，与水泥地面组相比，发酵床饲养显著增加了猪的采食量，分别增加了 3.4%和 5.5%。

由于猪饲养过程中受温度、空气相对湿度、通风以及饲养密度等诸多因素影响，很难通过单个因素来分析两者生产性能存在差异的具体原因。试验中发酵床饲养显著增加了猪的采食量和料肉比。认为发酵床饲养猪具有较大的活动量，进而增加猪对营养物质的需求量。也有研究表明，在相同的密度下，水泥地面和发酵床猪饲养两者的采食量无显著差异。

参考文献

[1] 秦枫，潘孝青，顾洪如，等. 发酵床不同垫料对猪生长、组织器官及血液相关指标的影响[J]. 江苏农业学报，2014，30：130－134.

[2] 吴买生，唐国其，陈斌，等. 发酵床猪舍对育肥猪生长性能及肉品质的影响[J]. 家畜生态学报，2010，31：39－43.

[3] 苏铁，李丽立，肖定福，等. 生物发酵床对猪生长性能和猪舍环境的影响[J]. 中国农学通报，2010，26：18－20.

[4] 冯幼，张祥斌，陈学灵，等. 夏季发酵床饲养模式对断奶仔猪生长性能、血清生化指标及猪舍环境的影响[J]. 中国农业科学，2011，44：4706－4713.

[5] 郭彤，郭秀山，马建民，等. 发酵床饲养模式对断奶仔猪生长性能、腹泻、肠道菌群及畜舍环境的影响[J]. 中国畜牧杂志，2012，48：56－60.

[6] 田明亮，王子荣，姜广礼，等. 夏季发酵床对育肥猪的生长性能和肉品质的影响[J]. 猪业科学，2011，28：82－85.

[7] 韩艳云，叶胜强，陈洁，等. 夏季发酵床模式与改进水泥地面模式生猪饲养效果比较[J]. 家畜生态学报，2011，32(4)：89－92.

[8] 郭玉光，郑贤，陈倍技，等. 发酵床饲养方式对肥育猪生产性能的影响

[J]. 江苏农业科学,2014,42(4):148 - 151.

[9] 朱洪龙,杨杰,李健,等. 两种饲养方式下仔猪生产性能、行为和唾液皮质醇水平的对比分析[J]. 中国农业科学,2016,49:1382 - 1390.

[10] 丁小玲,邵凯,丁月云,等. 发酵床猪舍对肉猪肥育性能及肉质的影响[J]. 贵州农业科学,2010,11:175 - 176.

[11] 章红兵,高士寅. 发酵床饲养方式对商品猪生产性能和发病率的影响[J]. 中国猪业,2012,7:49 - 51.

[12] 刘金林. 生猪发酵床养殖效果研究[J]. 福建畜牧兽医,2012,34:5 - 7.

[13] 彭乃木,黄展鹏,王国忠. 生物发酵床养猪与常规养猪效益对比试验[J]. 畜禽业,2009,3:10 - 11.

[14] 路振香,戚云峰,周玉刚,等. 发酵床养猪对育肥猪生产性能及肠道有关细菌的影响[J]. 中国微生态学杂志,2012,23:1074 - 1076.

[15] 盛清凯,王诚,武英,等. 冬季发酵床养殖模式对猪舍环境及猪生产性能的影响[J]. 家畜生态学报,2009,30:82 - 85.

[16] 李玉元. 发酵床对生长育肥猪生长性能和胴体品质的影响[J]. 湖南畜牧兽医,2010,5:4 - 6.

[17] 王诚. 发酵床饲养模式对猪舍环境、生长性能、猪肉品质和血液免疫的影响[J]. 山东农业科学,2009,11:110 - 112.

[18] 苟宪福,石旭东,苟宇博. 发酵床猪舍与水冲圈猪舍饲养生长育肥猪效果对比试验[J]. 甘肃畜牧兽医,2010,2:15 - 17.

[19] 简志银,黎云,夏林,等. 高效循环发酵床式生态养猪的应用研究[J]. 贵州畜牧兽医,2010,5:5 - 6.

[20] 帅起义,邓昌彦,李家连,等. 生物发酵床自然养猪技术养猪效果的试验报告[J]. 养猪,2008,5:27 - 29.

[21] Zhou CS, Hu JJ, Zhang B, *et al*. Gaseous emissions, growth performance and pork quality of pigs housed in deeplitter system compared to concrete floor system[J]. Animal Science Journal, 2015, 86:422 - 427.

第 5 章　发酵床饲养猪的行为特征

要点提示

集约化高密度饲养意味着猪群生活空间紧缩，导致猪无法表达自然天性，行为被剥夺，进一步导致行为缺失，而贫瘠单调的环境使情况愈加恶劣，异常行为频频表达，降低了猪的生长性能。欧美日等国将垫料养猪、发酵床养猪作为改善猪福利水平的重要措施。发酵床的垫料提供了猪表达自然习性的场所，在饲养环境上满足了猪的行为需要。

第一节　发酵床饲养猪的行为状况

一、探究行为

探究行为是猪固有的遗传习性，是其在野生状态下生存的重要手段。探究行为是一种积极行为，拱翻则是猪探究行为中发生最多的行为。猪通过拱翻、嗅闻、咬和咀嚼可食材料和不可消化材料来进行探究。通过探究过程熟悉生活环境及生活环境中的资源。当此行为受限后，饲养在环境贫瘠圈栏中的猪会将探究目标转移到同圈其他个体。

富集环境能够增加猪自然习性的表达。与集约化饲养方式相比，发酵床饲养改变了猪的生活环境，床体垫料能为猪营造富集环境，提供探究觅食机会。发酵床饲养显著增加了仔猪探究行为，同时降低了仔猪攻击行为和操纵圈舍行为。

二、攻击行为

动物的攻击行为是指同种动物个体之间因争夺食物、配偶、领域而发生的相互攻击行为，不同动物间的攻击行为属于竞争关系，具有竞争配偶、食物等资源以及防卫的功能。

陌生动物之间初次相遇最容易发生攻击行为。来自不同窝的断奶仔猪、育肥猪、繁殖母猪混群时均会出现严重的攻击行为。攻击行为在混群后前几天表现最为强烈。在混群后的 24～48 小时内，大约 10%的仔猪会因为受到攻击而产生 50 道左右的皮肤伤痕。而野生动物很少见到损害性社会行为的表达。混群后仔猪的打斗行为影响猪的日增重和增重效率、肉质和胴体重，有害于猪群健康、福利和生长性能。福利饲养方式可以防止更多打斗行为的表达。

三、咬行为

咬行为包括咬尾、咬耳等。仔猪咬行为后果不太严重，但当猪的体重超过 50 kg 后，就有足够的力气咬破尾巴和耳朵。而一旦咬破后，血液的刺激会使更多的猪对其尾部进行咬尾，最终造成动物福利和生产水平降低。咬尾、咬耳等咬行为多表达在集约化舍内饲养环境中，且随着饲养密度的提高而增加。

郭玉光等研究显示，咬耳是猪表达水平最高的咬行为，其次是咬尾和咬体行为，咬颈行为最少。咬行为主要发生在白天。水泥地面栏饲养猪的咬行为、争斗行为表达水平及受害个体的反应程度在全天内均显著高于发酵床组。发酵床饲养能够减少咬行为、争斗行为的表达水平，降低行为受害个体的应激程度（表 5－1）。

表 5－1　不同类型咬行为、争斗行为和干扰行为表达比例/%

类型	咬行为		争斗行为		干扰行为	
	发酵床	水泥地面	发酵床	水泥地面	发酵床	水泥地面
轻微型	74.2±1.25	66.5±2.30	29.8±1.69	15.7±0.59	89.5±1.51	71.3±2.28
温和型	23.3±1.13	29.7±2.42	55.3±2.16	49.2±1.80	10.4±1.48	28.3±2.32
严重型	2.6±0.43	3.8±0.11	14.8±3.02	35.0±1.31	0.07±0.02	0.43±0.05

如表 5－1 所示，发酵床与水泥地面舍两种饲养方式下猪轻微型咬行为所占比例最高，其次为温和型咬行为。水泥地面圈内猪的温和型咬行为和严重型咬行为所占比例显著高于发酵床组。发酵床圈内猪更多表达轻微型干扰行为，严重型争斗行为的比例显著降低。研究表明，发酵床垫料提供给猪表达探究等天性的场所，地面被水泥覆盖的传统猪舍阻碍猪表达拱翻等自然天性行为，水泥地面圈内更多个体将目标转向其同类，表达“转嫁行为”。

发酵床饲养的猪更少地表达拱腹行为，提高环境丰富度能够减少拱腹行为的表达。环境丰富圈舍内猪在被驱赶或操纵过程中，少数个体被敲打引起的群体应激较小，从而证实环境丰富圈舍猪对外界刺激应激阈值较高。

四、排泄行为

关于仔猪排泄区域的选择，很多研究认为受到休息区的影响。如果环境允许，猪会识别出排泄区域而选择只在排泄区域排泄。出生后 3 d 内的仔猪没有明确的划分圈栏区域的意识，往往随意选择区域趴卧和排泄等，生长到 3 日龄后会选择趴卧区，并将排泄区远离趴卧区。

韦克斯勒(Wechsler)等研究不同生长阶段猪的排泄行为序列发现，探究行为与排泄行为往往协同出现，排泄行为前猪通常会表达探究行为，通过探究行为收集排泄区的相关信息。猪在饲养密度低的情况下，会有意识地将生活区域划分为采食区、排粪区等单独区域。

猪习惯定点排泄，但发酵床饲养方式下，猪的排泄区面积相对更为分散。猪在排泄前表达更多的探究行为来确定排泄区，但仍存在较为固定的排泄点。对发酵床垫料定时翻动等管理，以及猪对垫料的拱翻等活动，加快了发酵床微生物对粪尿的酵解，而粪便的掩埋和分解，增加了发酵床饲养方式下猪排泄前确认排泄区位置的难度，从而有利于猪在发酵床上排泄粪尿分布的均匀性。

五、发酵床饲养猪的维持行为

郭玉光等用全程录像方法研究了发酵床饲养对杜梅二元猪维持行为的影响。试验在秋季的 10 月 20 日—11 月 1 日期间进行，试验连续 13 d。期间环境温度变化范围为 18～23 ℃。不同饲养方式下猪的行为状况，如表 5－2 所示。

表 5－2 不同饲养方式下猪的行为状况

		发酵床	水泥地面
静态行为/%	趴卧	87.0	85.3
	站立	0.91^{a}	1.36^{b}
	静态行为总比例	89.5	87.3
活动/(s/h. 头)	跑	1.4	1.5
	走动	58.1	46.7
	游戏	0.09^{a}	0.92^{b}
	探究	231.0^{A}	178.0^{B}

续表

		发酵床	水泥地面
活动/(s/h. 头)	饮水	24.1[a]	19.2[b]
	排泄	20.9	19.7
	护身	22.6	17.5
异常行为	犬坐	1.61[A]	0.66[B]
	规癖	0.05[A]	7.95[B]

发酵床饲养方式比水泥地面饲养能够有效地促进猪探究行为的表达。两种饲养方式的探究行为均主要发生在白天。发酵床猪平均每小时探究行为的表达时间比水泥地面组多 53.0 s，猪的规癖行为表达水平显著低于水泥地面组。而其他活动行为没有显著差异。

不同饲养方式下猪的探究行为差异明显。发酵床舍内猪多趴卧探究，针对同一区域探究持续时间更长，从侧面反映出发酵床猪舍内的环境丰富度高。作为群居动物，猪被认为是一种接触性动物，表现为趴卧时会保持身体接触。趴卧行为是维持行为中表达时间最长的一种行为。两种饲养方式下总静态行为的表达时间没有显著差异。发酵床栏内猪更多选择分散趴卧，占观察时间的 64.1%；而水泥地面栏内猪分散趴卧与聚集趴卧比例相近，分别占观察时间的 43.4%和 41.9%(图 5－1)。

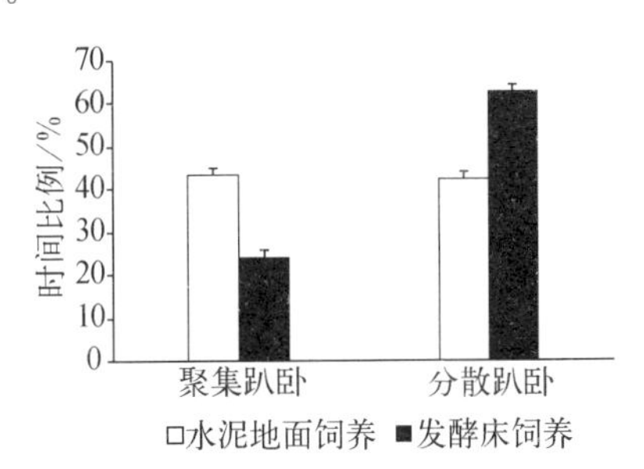

图 5－1　不同饲养方式下猪不同趴卧方式

聚堆趴卧能够提高仔猪对周围环境变化的应激阈值，降低应激敏感性，进而更好地适应环境。此外，出生仔猪在环境温度低于 10 ℃时会选择聚集趴卧，减少散热面积，保持体温；通过身体相互接触，可提高仔猪周围环境温度 2 ℃左右。水泥地面舍内猪则在大部分情况下选择聚集趴卧。而发酵床中猪多为分散趴卧。

总之，恰当的环境丰富措施能够增加猪自然天性行为的表达。发酵床饲养能更有效地刺激猪自然行为的表达。而水泥地面猪舍阻碍猪翻拱行为，猪的探究行为表达受抑制。

第二节　发酵床饲养的仔猪行为

发酵床养猪为猪提供自由舒适的富集环境，可通过对猪舍内环境和行为特征的影响，提高动物福利。仔猪培育阶段是猪生长过程中最重要的时期，对后期生长育肥阶段猪的生长速度、免疫力及其饲料报酬产生直接影响。

一、发酵床饲养仔猪主要行为

著者等研究了白天时段发酵床饲养组和漏缝地板饲养组中各时段仔猪主要行为发生情况。试验期间(2013 年 11 月 5 日至 25 日)漏缝地板组和发酵床饲养组舍内平均温度分别为 10.2 ℃和 14.5 ℃，平均空气相对湿度分别为 81.5%和 88.7%。仔猪在各时间段的站立、探究、操纵圈舍以及攻击行为发生时间比例，见图 5 - 2。

仔猪主要活动时间为上午 8:00—10:00 和下午 12:00—15:00。在这两个主要活动时段，发酵床饲养和漏缝地板饲养仔猪的站立行为比例表现出高度相似；与漏缝地板饲养相比，发酵床饲养仔猪在 8:00—9:00 和 12:00—13:00 时段展现出较高的探究行为，但在 9:00—

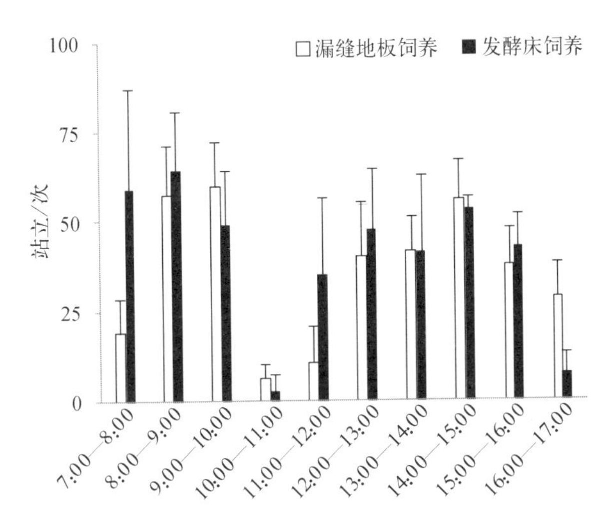
□漏缝地板饲养
■发酵床饲养
站立/次
100
75
50
25
0
7:00—8:00
8:00—9:00
9:00—10:00
10:00—11:00
11:00—12:00
12:00—13:00
13:00—14:00
14:00—15:00
15:00—16:00
16:00—17:00

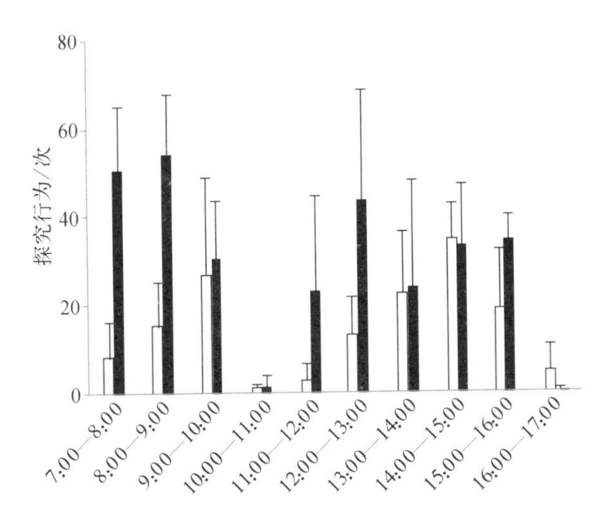
探究行为/次
80
60
40
20
0
7:00—8:00
8:00—9:00
9:00—10:00
10:00—11:00
11:00—12:00
12:00—13:00
13:00—14:00
14:00—15:00
15:00—16:00
16:00—17:00

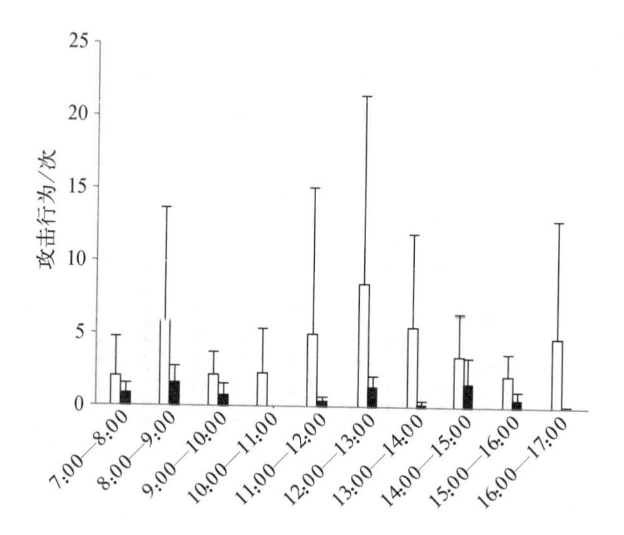

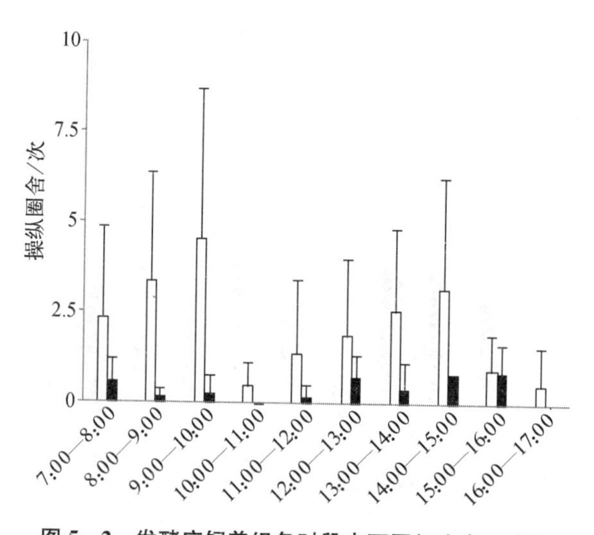

图 5－2　发酵床饲养组各时段内不同行为发生情况

10:00、13:00—14:00和14:00—15:00时段两者之间无显著差异。与漏缝地板饲养相比,发酵床饲养均显著降低了仔猪攻击行为和操纵圈舍行为比例。

二、发酵床饲养对仔猪姿势和行为的影响

与漏缝地板饲养相比,发酵床饲养显著增加了仔猪站立和犬坐姿势比例,降低了仔猪躺卧比例。发酵床饲养仔猪的运动行为和探究行为比例显著高于漏缝地板饲养,而仔猪攻击行为和操纵圈舍行为比例显著低于漏缝地板饲养(表5-3)。

表5-3 发酵床饲养对仔猪姿势和社会行为的影响/%

项目		漏缝地板饲养	发酵床饲养
姿势	站立	35.76±3.91[a]	41.34±3.98[b]
	犬坐	3.63±0.74[a]	7.48±2.51[b]
	躺卧	60.61±3.68[b]	51.17±5.26[a]
社会行为	运动	2.21±0.70[a]	4.75±0.80[b]
探究行为	闻嗅地面	14.82±3.78	14.10±2.31
	翻拱垫料	0.00±0.00[a]	15.62±6.82[b]
	操纵圈舍	2.11±1.31[b]	0.44±0.13[a]
	攻击行为	4.14±3.55[b]	0.75±0.41[a]

观察发现,躺卧是仔猪一天活动中最主要的行为,漏缝地板饲养和发酵床饲养其所占比例分别为60.6%和51.2%,站立行为次之分别为35.8%和41.3%,犬坐比例最低。

从一天不同时段看,上午8:00—10:00和下午12:00—15:00是仔猪活动最强的两个时段,此期间发酵床饲养下的仔猪攻击和操纵圈舍等异常行为呈现显著性下降(除12:00—13:00操纵圈舍行为外)。这说明发

酵床能为仔猪提供探究行为的基质垫料，使其探究行为得以正常表达，进而减少了攻击和操纵圈舍行为；在传统饲养条件下，仔猪长期处于单调乏味的环境中，加上缺少必要的刺激介质，其行为发生转向，常表现出咬耳、咬尾、拱腹、争斗、啃咬圈舍设施等异常行为。

三、发酵床饲养对仔猪维持行为和采食特性的影响

维持行为是哺乳动物维持正常需要和生长的固有行为，包括采食、饮水、排尿和排便等。发酵床饲养对仔猪维持行为结果见表 5－4。

表 5－4　发酵床饲养对仔猪维持行为的影响/%

行为		漏缝地板	发酵床
维持	采食	9.25±2.53	7.08±1.02
	饮水	0.37±0.07	0.55±0.16
维持	排便	0.28±0.12	0.25±0.10
	排尿	0.41±0.20	0.31±0.08
采食	总采食时间/s	3665±1005	2805±404
	采食次数/次	65.1±18.1[b]	36.3±8.1[a]
	平均采食持续时间/(s/次)	57.6±11.8[a]	82.4±27.4[b]

研究发现，仔猪采食行为发生比例仅次于探究行为。与漏缝地板饲养组相比，发酵床饲养显著增加了仔猪饮水比例，但对排便和排尿比例均无显著影响；发酵床饲养改变了仔猪的采食特性，发酵床饲养仔猪总采食时间显著低于漏缝地板饲养组，但因总采食次数的下降，导致平均每次采食持续时间显著高于漏缝地板饲养组。说明发酵床饲养能够增加仔猪运动探究行为和每次采食持续时间，降低仔猪攻击行为和操纵圈舍行为，满足了仔猪正常行为表达，提高了仔猪动物福利。

第三节　发酵床饲养的生长育肥猪行为

生长育肥期(30～100 kg)是猪生长发育最快的阶段，也是养猪经营者获得经济效益的重要时期。在生长育肥期，国内关于发酵床饲养的研究主要集中在猪生长性能方面。有研究表明，发酵床饲养可增加生长育肥猪的探究行为，降低攻击行为。

一、发酵床饲养组中各时段生长育肥猪主要行为

试验于2013年11月26日至2014年3月5日在江苏省农业科学院六合动物试验基地进行。试验期间水泥地面和发酵床饲养组舍内日均温分别为8.3 ℃和9.7 ℃，空气相对湿度分别为80.8%和75.2%。将128头体重27.1 kg的10周龄苏钟猪随机分为两组，即水泥地面饲养组和发酵床饲养组，每组4个重复，每个重复16头，公母各半。水泥地面和发酵床饲养组饲养密度分别为0.85和2.0 m^2/头，自由采食和饮水。

在19和24周龄时，水泥地面饲养和发酵床饲养中各时段生长育肥猪主要行为发生情况，如图5－3，图5－4。

无论是在19周龄还是在24周龄，水泥地面和发酵床饲养猪均有共同的休息期(10:00—11:00)和活跃期即8:00—10:00和13:00—16:00。在这两个活跃期，发酵床饲养和水泥地面饲养猪的站立行为比例表现出高度相似；另外，经夜晚(18:00至翌日6:00)和10:00—11:00时间段休息后，与水泥地面组相比，发酵床饲养组猪更早地进入活跃期，即在7:00—8:00、11:00—12:00和12:00—13:00三个时段发酵床饲养猪即展示出较高的活动性。与水泥地面饲养相比，无论是19周龄还是在24周龄，发酵床饲养猪在8:00—9:00和12:00—13:00

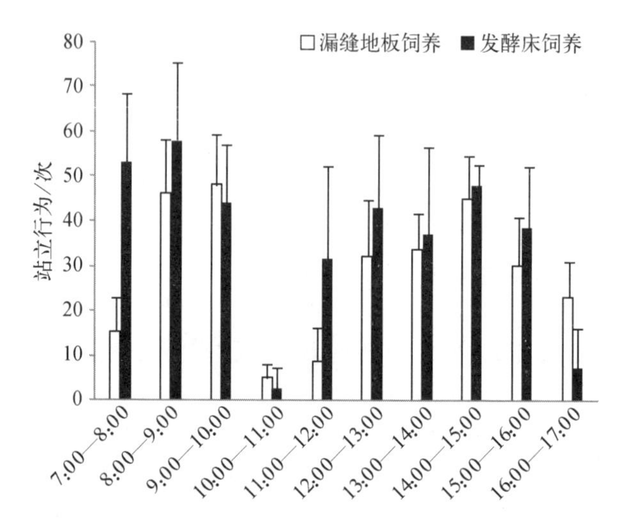
□漏缝地板饲养 ■发酵床饲养
站立行为/次
0
10
20
30
40
50
60
70
80
7:00—8:00
8:00—9:00
9:00—10:00
10:00—11:00
11:00—12:00
12:00—13:00
13:00—14:00
14:00—15:00
15:00—16:00
16:00—17:00

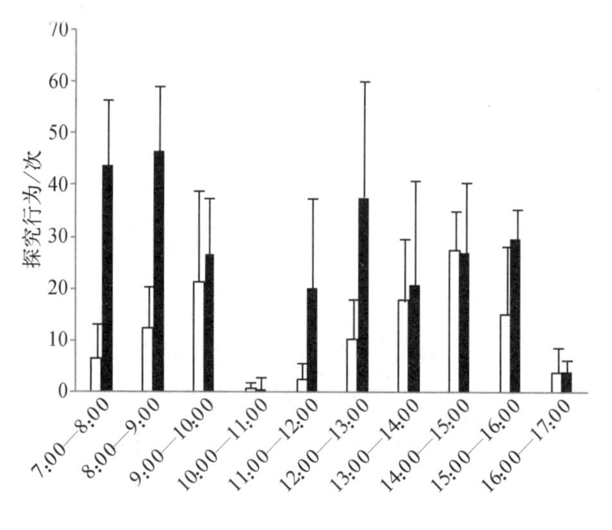
探究行为/次
0
10
20
30
40
50
60
70
7:00—8:00
8:00—9:00
9:00—10:00
10:00—11:00
11:00—12:00
12:00—13:00
13:00—14:00
14:00—15:00
15:00—16:00
16:00—17:00

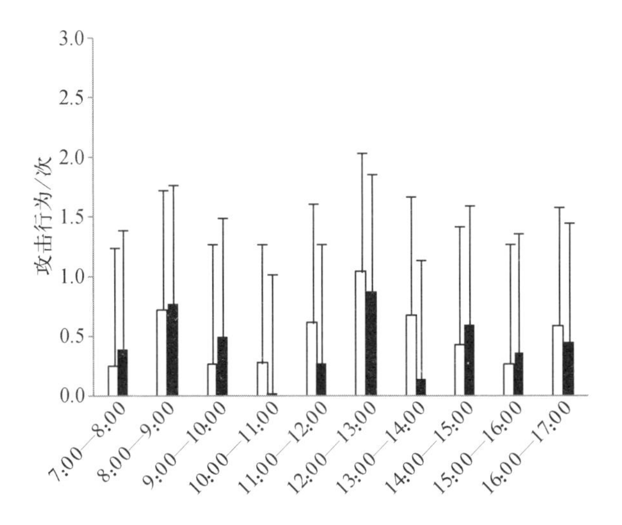

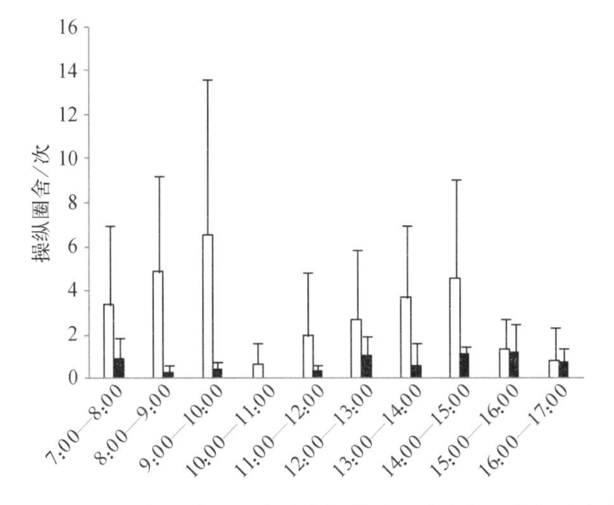

图5-3　19周龄时水泥地面和发酵床饲养育肥猪在白天各行为发生情况

时段展现出较高的探究行为比例，但在 9:00—10:00、13:00—14:00 和 14:00—15:00 时段两者之间无显著差异。关于攻击行为，在 19 周龄的主要活动时段，发酵床饲养较水泥地面饲养相比显著降低了猪攻击行为比例；相应地，在 24 周龄猪的攻击行为较 19 周龄时减少，仅在 9:00—10:00 和 13:00—14:00 两个时段发酵床饲养猪展示出较低的攻击行为比例。除 19 周龄 12:00—13:00 时段外，与水泥地面饲养相比，发酵床饲养均显著降低了猪操纵圈舍行为的发生比例。

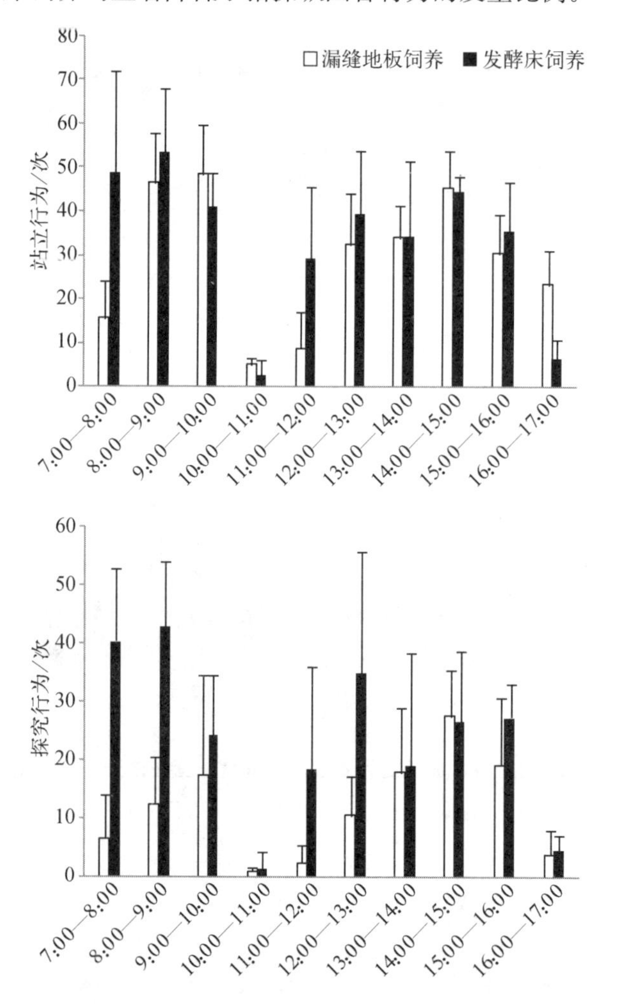

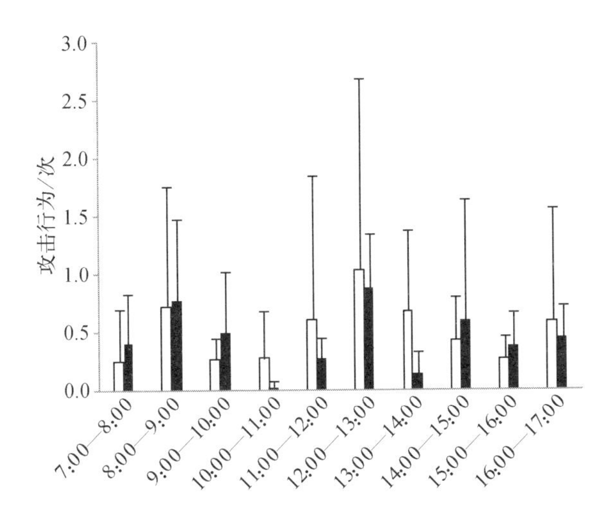

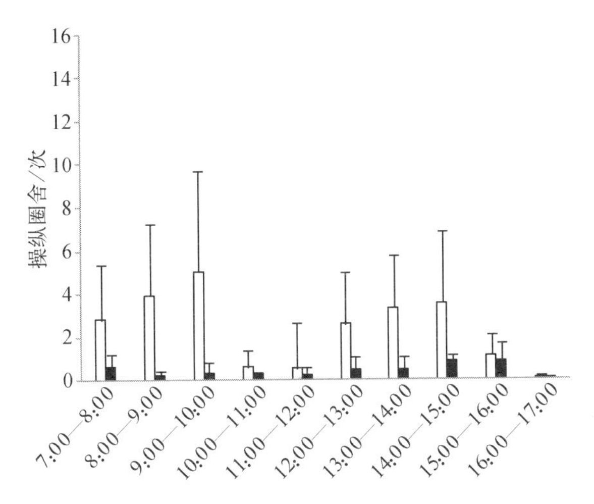

图 5－4　24 周龄时水泥地面和发酵床饲养育肥猪在白天各行为发生情况

二、生长育肥猪的社会行为

猪有明显的昼夜活动规律，白天活动夜间休息。在 07:00—17:00 时段对发酵床饲养的 19 和 24 周龄猪的姿势和社会行为观察结果，如表 5－5 所示。

表 5-5 发酵床饲养对生长育肥猪姿势和社会行为的影响/(%/h)

行为	19 周龄		24 周龄	
	水泥地面饲养	发酵床饲养	水泥地面饲养	发酵床饲养
姿势				
站立	28.7±1.98	37.0±3.21	28.9±2.43	34.1±1.35
犬坐	8.3±1.82	9.9±2.31	6.5±1.01	4.4±0.65
躺卧	63.0±5.26	53.0±5.26	64.6±5.26	61.5±4.23
社会行为				
运动	2.7±0.80	4.3±0.70	2.0±1.08	2.7±0.43
探究	11.8±2.02	25.5±2.54	11.9±1.87	23.5±3.02
闻嗅地面	11.8±2.02	14.7±2.31	11.9±1.87	14.7±1.23
翻拱垫料	0.00	10.8±5.01	0.00	8.9±3.98
操纵圈舍	3.02±0.93	0.58±0.32	2.32±1.00	0.41±0.67
攻击行为	1.42±1.01	0.47±0.20	0.51±0.31	0.43±0.31

与水泥地面组相比，发酵床饲养显著增加了 19 和 24 周龄猪的站立姿势比例，降低了其躺卧时间比例，但对犬坐姿势无显著影响。躺卧是猪一天活动中最主要的行为，为 53%～65%，站立行为次之，为 28%～37%，犬坐比例最低，为 4%～10%。

关于社会行为，发酵床饲养和水泥地面组猪有共同的活跃期即上午 8:00—10:00 和下午 13:00—16:00。无论是 19 周龄还是 24 周龄时，发酵床饲养组猪探究行为比例均显著高于水泥地面组，而操纵圈舍行为比例均显著低于水泥地面组；发酵床饲养显著增加了 19 周龄猪的运动比例，降低了其攻击行为比例，但对 24 周龄猪的运动和攻击行为比例无显著影响。

无论是在生长期(19 周龄)还是育肥期(24 周龄)，发酵床饲养均增加了猪的探究行为特别是翻供垫料，同时降低了猪的咬尾、咬耳、争斗等攻击行为的表达比例。提示发酵床饲养能为猪提供探究行为的基质垫料，为猪提供了探究机会，使其天生具有的内在探究行为得以表达，进而减少了猪的攻击行为。

三、生长育肥猪的维持行为和采食特性

维持行为是哺乳动物维持正常需要和生长的固有行为，包括采食、饮水、排尿和排便等行为。发酵床饲养对生长育肥猪的维持行为和采食特性的影响，如表 5-6 所示。

表 5-6　发酵床饲养对生长育肥猪的维持行为和采食特性的影响/(%/h)

项目	19 周龄		24 周龄	
	水泥地面	发酵床	水泥地面	发酵床
维持行为				
采食	14.86±1.14	15.71±1.32	10.75±0.86	10.27±0.58
饮水	0.45±0.10	0.41±0.23	0.47±0.09	0.59±0.12
排便	0.56±0.08	0.58±0.22	0.64±0.11	0.68±0.16
排尿	0.45±0.21	0.48±0.15	0.46±0.17	0.48±0.23
采食特性				
总采食时间/(s/10 h)	5348±412	5654±476	3871±309	3968±208
采食次数/(次/10 h)	26.7±3.2	23.4±2.4	23.3±1.1	20.8±2.1
平均采食持续时间/s	210.3±39.8	268.7±44.2	168.3±52.8	202.4±52.1

与水泥地面组相比，发酵床饲养显著增加 19 周龄猪的采食时间比例，但对 24 周龄猪的采食时间比例无显著影响；无论是 19 周龄还是 24 周龄时，猪的饮水、排便和排尿等时间比例方面，发酵床饲养和水泥地面组之间均无显著差异。

采食特性方面，发酵床饲养的育肥猪同样增加了猪采食时间比例

和每次采食持续时间，降低了猪的采食次数。发酵床饲养均显著降低了 19 和 24 周龄猪的采食次数，增加了生长期猪的平均采食持续时间，但对 24 周龄猪的平均采食持续时间无显著影响。试验显示，采食行为发生比例仅次于探究行为，无论是水泥地面组还是发酵床饲养组猪的总采食时间在 64～94 min 之间。

饲养方式改变采食特性，分析其可能原因是：

① 发酵床饲养组猪有更大的活动空间，导致其能更远离料槽表达非采食行为如躺卧和探究行为，而水泥地面组猪相对狭小的活动空间，导致其在料槽附近表达非采食行为如躺卧、探究等，易受同伴干扰，进而引起采食次数的高表达。有研究表明，饲养密度为 2.4 m^2/头组猪一天中总采食时间显著高于饲养密度为 1.2 m^2/头组，并认为造成这种差异与同伴相互干扰程度有关。

② 发酵床饲养猪将更多的时间用于翻拱等探究行为上，一旦猪产生食欲，就能够持续较长时间。

第四节　发酵床饲养对猪唾液皮质醇含量的影响

正常饲养条件下，唾液中皮质醇浓度是猪只对其所处生活环境中各种慢性应激原（如咬尾、咬耳、争斗等）作出应答的一项重要生理指标。高皮质醇水平常与动物遭受更强的慢性应激有关。血液样本采集过程中容易对动物产生应激，造成较大误差；而唾液对动物没有任何应激，是较为理想的皮质醇检测样本。

一、发酵床饲养对仔猪皮质醇激素的影响

发酵床饲养对仔猪唾液中皮质醇含量的影响，如图 5－5 所示。

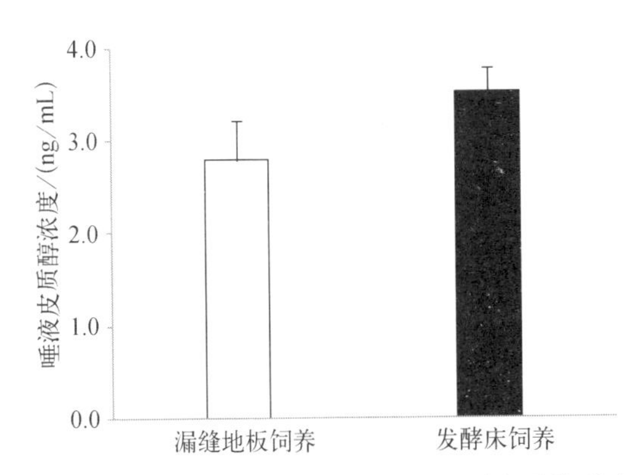

图5-5 饲养方式对仔猪唾液中皮质醇含量的影响

结果表明，发酵床饲养组仔猪唾液中皮质醇水平显著高于贫瘠环境饲养猪（漏缝地板）组。无论是传统水冲圈组还是发酵床饲养组，仔猪唾液中皮质醇含量均处在正常值范围内。

二、发酵床饲养对生长育肥猪皮质醇含量的影响

研究测定了19和24周龄猪在一天当中（24 h）各时间段（00:00—22:00）的唾液皮质醇水平。结果表明，发酵床饲养组猪在白天（7:00—17:00）唾液皮质醇水平高于或显著高于水泥地面组，说明发酵床饲养组猪有较高的基准唾液皮质醇水平。

关于富集环境（包括发酵床饲养）对猪唾液中皮质醇含量的影响并不一致。有报道，垫草型富集环境饲养猪的唾液皮质醇浓度显著高于贫瘠环境饲养猪。有研究通过对17和22周龄的猪唾液皮质醇分析发现，发酵床饲养对猪唾液皮质醇含量无影响。不同试验结果的差异可能与唾液采集持续时间有关，因为动物唾液皮质醇含量高低受其情绪控制并在不同时间段上有所不同。

综合行为学和唾液皮质醇的试验结果，发酵床为猪提供自由、舒

适的生活环境，使猪在一定程度上回归了野生状态如翻拱觅食，可能刺激了猪的下丘脑—垂体—肾上腺轴内分泌系统，进而促使发酵床饲养组猪具有较高基准的唾液皮质醇水平。

第五节 发酵床饲养对猪宰前行为及肉品质的影响

猪宰前会因遭受过度应激而破坏机体的正常能量代谢，引起异常肉的产生如 PSE（pale soft exudative）肉或 DFD（dark，firm，dry）肉。猪对宰前应激的生理反应除与本身遗传背景有关外，还受饲养环境的影响。发酵床垫料可为猪提供自由舒适的富集环境。有研究表明，垫草富集环境能够降低宰前处理过程中（运输和待宰栏）猪的站立、争斗、游走等行为，同时，这些研究结果显示垫草富集环境能降低运输前后猪唾液皮质醇升幅。加德（Gade）通过对贫瘠环境（传统漏缝地板）饲养与户外饲养作对比分析时发现，无论是在运输途中还是在待宰栏内户外饲养均显著降低了猪的攻击性行为。

小贴士

宰前动物常常经历驱赶、混群、装卸、运输等一系列处理程序，这也是影响宰后肉品质的关键因素。待宰栏静养休息可在一定程度上缓解因装卸和运输所造成的机体疲劳和生理应激反应。发酵床饲养能显著减少饲养期间猪只咬尾、咬耳、争斗等攻击性行为的发生率，同样发酵床饲养可影响猪宰前生理反应和行为特征，并最终对胴体性质和肉品质产生影响。

一、发酵床饲养对待宰栏内猪的行为特征的影响

试验将发酵床饲养结束后每组选择10头体重约为100 kg的猪进行屠宰，公母各半。于运输前即饲喂栏、运输后待宰栏内0 min和宰前采集唾液，用于皮质醇测定；待宰栏内采集录像，用于猪行为学分析；宰时采集血液用于乳酸和肌酸激酶活性测定；最后对猪胴体性质（屠宰率、胴体滴水损失、背膘厚、瘦肉率）和背最长肌肉品质（pH值、肉色、肌内脂肪、滴水损失）进行评价。

发酵床饲养对待宰栏内猪的行为特征的影响，如图5-6所示。

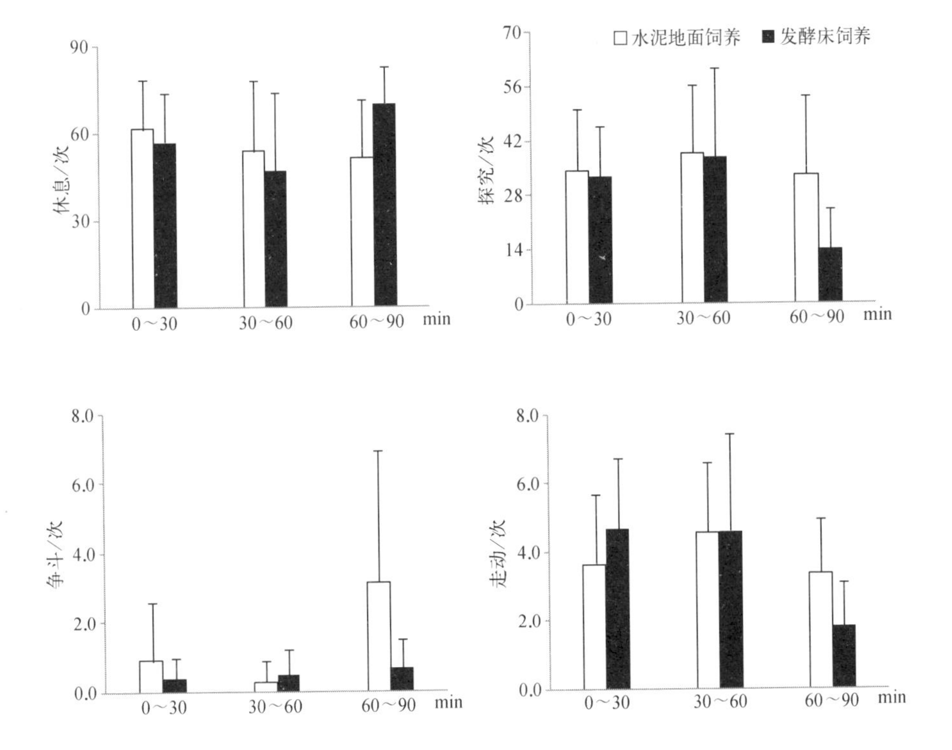

图5-6　待宰栏内不同饲养方式下的猪不同行为的发生情况（%）

在 0～30 min 和 30～60 min 两个时段猪休息、探究、走动及争斗等行为方面，水泥地面和发酵床饲养组间无显著差异。而在 60～90 min 时段，与水泥地面饲养相比，发酵床饲养猪探究、走动、争斗行为显著下降。

有研究表明，垫草富集环境显著降低了待宰栏内前 1 h 猪的走动和争斗行为发生率，混群时两种福利型饲养方式猪争斗行为均显著低于贫瘠环境饲养。著者等通过延长对猪行为学观察时发现，经 1 h 的适应环境和短暂休息后，在 60～90 min 时段水泥地面饲养下猪则展示出更强的行为活性如站立、探究、争斗等行为显著增加。面对陌生环境时，水泥地面饲养猪对周围环境信息更加敏感，同时其争斗行为发生率也随着探究行为的增加而提高。

二、 发酵床饲养对宰前猪唾液皮质醇水平的影响

发酵床饲养对宰前猪唾液皮质醇水平的影响见图 5－7。

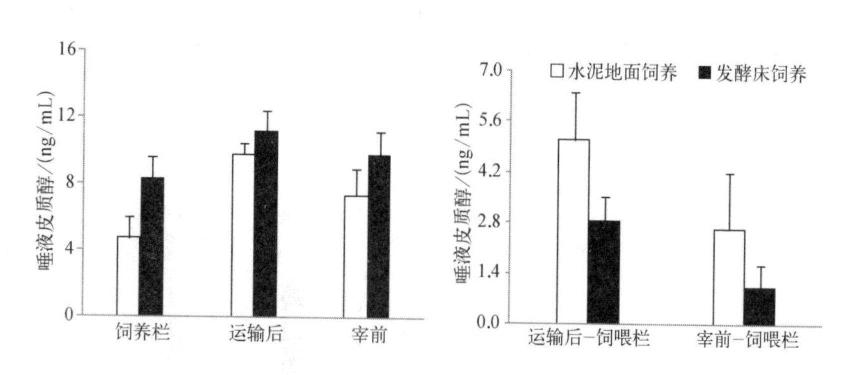

图 5－7　饲养方式对宰前猪唾液皮质醇水平的影响

无论是运输前(饲喂栏)还是运输后待宰栏 0 min 和宰前，发酵床饲养组猪唾液皮质醇水平均高于水泥地面组。然而，与饲喂栏中猪唾液皮质醇水平相比，无论是在待宰栏 0 min 还是宰前，发酵床饲养组

猪皮质醇水平升高程度均显著低于水泥地面组。

正常情况下，高皮质醇激素水平常与动物遭受慢性应激有关。有研究表明，发酵床饲养显著降低了猪只咬尾、咬耳、争斗等慢性应激源的发生率，提示与水泥地面组相比，发酵床饲养组猪并没有遭受更强的慢性应激。唾液中皮质醇升幅常被用来评估猪对宰前急性应激的应对能力。分析发现，运输前后发酵床饲养猪唾液皮质醇水平的升幅显著低于水泥地面饲养，表明发酵床饲养猪对宰前运输应激具有更好的应对能力。

三、发酵床饲养对猪宰时血液指标的影响

除动物行为和唾液皮质醇外，宰时血液中的乳酸和肌酸激酶生化值常被用来评估生猪宰时遭受应激大小的重要指标。乳酸含量是反映机体厌氧代谢程度的重要指标。肌酸激酶与机体损伤程度密切相关，其活力的高低可作为评价肉品质量的指标之一。发酵床饲养对猪血液福利指标的影响，如表5－7所示。

表5－7　发酵床饲养对猪宰时血液福利指标的影响

项目	水泥地面	发酵床	显著性 P 值
乳酸/(mmol/L)	13.13±2.02	11.38±2.15	0.08
肌酸激酶/(U/L)	2996.4±592.7[b]	1981.9±509.1[a]	<0.01

试验显示，发酵床饲养组猪血液中乳酸含量低于水泥地面饲养，肌酸激酶活性则显著低于水泥地面。试验中屠宰猪经过宰前应激后在待宰栏内得到了充分休息(8 h)。因此推测发酵床饲养猪血液中较低的乳酸含量可能归因于发酵床饲养猪对宰时应激反应较小。血液中肌酸激酶是反映动物遭受长时间应激的一项福利指标，其含量在长时间应激(6 h)达到最大值，然而肌酸激酶要恢复至应激前水平则需

要长达 48 h。研究表明，舍外饲养或垫草富集环境均显著降低了猪宰时血液肌酸激酶活性，并认为肌酸激酶是评价猪宰时应激程度较好的指标。

四、发酵床饲养对猪胴体和肉品质的影响

（一）不同饲养方式对猪胴体和肉品质的影响

饲养环境可影响畜禽的生长性能。发酵床改善了生猪的饲养环境，在提高猪生产性能的同时，对猪肉品质产生了一定的影响。

发酵床饲养对猪胴体性状和猪肉品质的影响，如表 5－8 所示。

表 5－8 发酵床饲养对猪胴体性状和肉品质的影响

项目		水泥地面饲养	发酵床饲养
胴体性状	屠宰活重/kg	100.9±1.11	101.4±1.58
	热胴体重/kg	70.0±4.34[b]	67.0±3.82[a]
	屠宰率/%	70.5±3.12[b]	66.1±2.27[a]
	胴体滴水损失/%	3.2±1.98	3.1±0.82
	第 1 肋背膘厚/cm	3.00±0.67	3.73±0.73
	最后肋背膘厚/cm	1.66±0.29[a]	2.77±0.52[b]
	最后腰椎背膘厚/cm	1.21±0.46	1.62±0.52
	平均背膘厚/cm	1.73±0.29[a]	2.44±0.52[b]
	瘦肉率/%	56.6±1.60[b]	51.8±2.99[a]
猪肉品质	pH_1	6.2±0.12[a]	6.4±0.15[b]
	pH_u	5.6±0.06	5.6±0.15
	L^*	53.9±2.23	53.3±1.27
	a^*	12.5±0.93	12.9±0.88
	b^*	9.6±0.49	9.6±0.55
	肌内脂肪/%	2.49±0.19	2.73±0.44
	滴水损失/%	2.56±0.41	2.32±0.22

由表5-8可知,发酵床饲养降低了猪宰栏内争斗行为、运输前后唾液中皮质醇升幅及宰时血液中肌酸激酶活性,表明发酵床饲养能够提高猪对宰前应激的应对能力。发酵床饲养增加了猪的日均采食量,但对肉品质无显著影响。

(二)发酵床不同垫料饲养对猪生产性能及肉质的影响

著者等研究了发酵床垫料对猪生产性能及肉质的影响。在2012年6月3日—9月3日,试验在江苏省农业科学院六合动物科学基地进行。选取150头60日龄苏钟猪仔猪,随机平均分成5组,以水泥地面水冲圈饲养为对照(设自由采食组、限饲组)、发酵床垫料设木屑组、酒糟组、菌糠组3个处理,每组10头猪,3个重复。发酵床舍自由采食与饮水。试验猪群日粮均采用NRC标准,每天对发酵床内猪粪进行散粪,每周翻耙垫料1次。发酵床水分保持在45%~55%,确保发酵床正常发酵。常规饲养组猪舍每天干清粪2次,每周进行1次猪舍喷洒消毒。

不同垫料及饲养方式对猪生产性能的影响,如表5-9所示。

表5-9 不同饲养方式及垫料环境下的猪生产性能

组别		初始重/kg	末重/kg	日增重/g	料重比	死亡率/%
水泥地面饲养	自由采食	28.08±1.99[a]	69.99±12.09[a]	463.6	3.30	13.3
	限饲	27.97±2.25[a]	73.97±14.17[a]	509.9	3.14	13.3
发酵床垫料	木屑(50%)	28.09±2.01[a]	79.80±7.19[a]	568.6	3.17	14.3
	酒糟(50%)	27.91±1.49[a]	79.38±8.84[ab]	574.4	3.14	6.7
	菌糠(50%)	28.75±1.21[a]	86.24±8.57[b]	637.1	3.02	0

注:同列数字后不同小写字母表示差异显著。下同。

由表5－9可见，发酵床处理下猪增重显著高于水泥地面饲养。不同垫料处理中以菌糠组的效果最好，其增重明显高于木屑组和酒糟组。从料重比看，对照水泥地面饲养自由采食组最高。发酵床垫料处理中以菌糠最低，其余三组相近。另外猪死亡率方面，发酵床饲养有明显优势，其中以菌糠组最为突出，死亡率为0。

不同饲养方式及垫料处理的猪肉品质分析，如表5－10所示。

表5－10　不同饲养方式及垫料的猪肉品质

组别	pH值	持水率/%	剪切力/g	水分/%	肌内脂肪/%	蛋白质/%	蒸煮损失/%
水冲圈（自由采食）	5.8±0.40[a]	36.9±4.01[a]	4078.7±74.6[a]	74.21±0.51[a]	2.05±0.72[a]	19.5±1.48[a]	16.7±2.94[a]
水冲圈（限饲）	6.3±0.19[a]	34.5±4.47[a]	4084.6±75.7[a]	74.12±0.88[a]	1.96±0.52[a]	18.5±0.95[a]	13.2±0.97[a]
木屑(50%)	5.9±0.38[a]	35.8±3.29[a]	4047.6±99.9[a]	73.86±1.04[a]	1.76±0.38[a]	19.8±1.30[a]	13.1±2.50[a]
酒糟(50%)	6.2±0.39[a]	38.3±3.01[a]	4087.6±91.2[a]	73.76±0.71[a]	2.32±0.48[a]	18.6±1.31[a]	15.5±3.28[a]
菌糠(50%)	6.0±0.47[a]	36.2±5.44[a]	4101.6±125.8[a]	73.63±0.58[a]	2.40±0.32[a]	19.5±2.01[a]	17.8±3.63[a]

与水泥地面饲养相比，不同垫料处理发酵床饲养猪肉的pH值、肉色、持水率、剪切力、水分含量、肌内脂肪含量、蛋白含量等肉质指标无显著性差异。

小贴士

发酵床饲养猪肉肌内脂肪含量高于水泥地面饲养。肌内脂肪含量对猪肉的嫩度、多汁性等有较大影响，也是产生风味化合物的前体物质,当肌内脂肪质量分数达到2.2%以上时,食用口感较好,鲜、滑、肥而不腻;当肌内脂肪质量分数低于2%时肌肉口感差,干硬。试验中发酵床处理菌糠组、酒糟组养殖的猪肉肌内脂肪含量均高于2.2%,说明其肉口感都较好,但两者之间差异不显著。与消费者大多反映发酵床饲养猪肉口感风味好一致。另外发酵床饲养猪肉的pH值、持水力、剪切力、蛋白质含量等在一定程度上也优于常规水泥地面饲养。

(三)发酵床饲养对猪臀肌中MSTN基因表达量及其与肉品质的相关性

肌肉生长抑制素基因(Myostatin,MSTN)属于转化生长因子β家族,其主要功能是负向调控肌肉的生长发育。著者等研究了发酵床饲养对猪生产性能、肌纤维形态、MSTN蛋白表达的影响。试验表明,发酵床饲养猪只运动时间占总时间比率,较水泥地面饲养组显著增加82.60%;平均增重、平均日增重分别提高10.50%与11.72%,差异显著;发酵床饲养猪臀部肌纤维束变粗,肌纤维直径增加4.90%。免疫组织化学结果显示,猪臀肌中内源性MSTN蛋白较水泥地面饲养显著减少。

两种饲养方式下,猪臀肌中的MSTN mRNA表达量与肌纤维直径间的相关性存在差异的原因,可能与发酵床养殖的饲养环境改善有关。发酵床饲养猪的活动空间增大,运动量增加,肌肉细胞内容物质增加使得肌纤维直径增大,提示饲养环境改变对肌纤维直径的影响可能是通过MSTN基因表达量降低实现的,MSTN作为肌肉肥大的负反馈因子发挥了功能;在发酵床养殖模式下,MSTN mRNA表达量与肌肉剪切力与水分含量呈负相关，说明 MSTN mRNA 的表达影响了肌肉的嫩度。

（四）发酵床饲养对生长猪免疫力相关指标的影响

著者等 2014 年 4 月—2014 年 10 月选择 60 头体况良好、体重相近(28.4±0.30 kg)60 日龄苏钟猪（阉割）作为试验动物，随机分为两组：发酵床组（垫料为菌糠）、水泥地面组，试验期 90 d（表 5-11）。

表 5-11　发酵床与水泥地面猪器官重比较

项目(Item)	器官重/g		器官重/总体重/%	
	水泥地面	发酵床	水泥地面	发酵床
心	260.1±14.1	306.2±16.1	0.307±0.014^{b}	0.362±0.019^{a}
肝脏	1525.6±85.3	1661.0±92.3	1.81±0.011	1.96±0.110
脾脏	158.4±9.2^{c}	232.4±27.3^{a}	0.187±0.014^{b}	0.274±0.037^{a}
肺	802.0±66.7	862.6±59.9	0.943±0.069	1.02±0.071
胰腺	122.2±5.9^{c}	168.0±15.2^{a}	0.145±0.008	0.175±0.024

试验表明，发酵床养殖条件下，猪组织器官发育优于传统水泥地面，特别是脾脏、胰腺，显著好于水泥地面，在一定程度上提高了发酵床猪的消化、免疫能力，改善猪的健康状况，提高了生长速率。

表 5-12　发酵床与水泥地面饲养猪育肥期血清免疫指标比较

项目(Item)	育肥前期		育肥后期	
	水泥地面	发酵床	水泥地面	发酵床
总蛋白(TP，mgprot/ml)	31.2±1.58	36.1±1.60	32.8±1.61	33.19±2.57
白蛋白(Alb，mgprot/ml)	60.1±2.59	53.2±1.26	58.5±1.25	58.6±2.36

续表

项目(Item)	育肥前期		育肥后期	
	水泥地面	发酵床	水泥地面	发酵床
IgG/(μg/ml)	561.1±19.6[c]	1100.3±213.1[a]	540.4±27.7	663.5±66.6
IgM/(μg/ml)	41.5±2.48[c]	77.5±14.9[a]	38.5±2.18	49.56±5.96
IgA/(μg/ml)	133.4±11.9[c]	260.9±120.1[a]	120.2±7.84	158.2±20.0

试验发现，发酵床饲养的猪育肥前期血清中IgA、IgG、IgM浓度显著高于水泥地面饲养；育肥后期，血清中IgA、IgG、IgM浓度也有提高的趋势(表5-12)。这与发酵床条件下猪脾脏等免疫器官发育显著好于水泥地面的结果相一致。由此可见发酵床养殖在一定程度上可以改善猪的免疫能力。猪生活空间太小会造成动物行为压抑、反常，生理功能反常等负面影响，可能影响动物的免疫系统。发酵床养殖条件下，猪的运动空间大于传统水泥地面，研究发现发酵床猪舍猪扎堆次数显著少于水泥地面猪舍，猪在发酵床垫料上一般采用趴卧的姿势，表明发酵床养殖条件下猪生活状况得到改善。

有研究认为，发酵床饲养方式提供了适当的环境设施，猪可表达天性的行为，因而发酵床饲养的福利水平高，应激少，健康性好。发酵床饲养猪的生产性能，增重及发病率和常规饲养没有差异。而发酵床饲养在生产性和动物福利方面具优势，如粪尿省力化处理、经济性和减少环境负荷等方面。

（五）不同饲养模式下猪血清中的情绪物质分析

研究表明，在一定程度上发酵床养殖可以通过猪运动提高β-内

啡肽 β - EP 等的分泌，改善情绪及免疫机能，改善睡眠，让机体镇静，减少急躁情绪，增强免疫机能。发酵床养殖可以通过改善运动状况，调节情绪物质分泌，从而改善机体的免疫机能。

（六）发酵床不同垫料对肥育猪脂肪代谢相关指标的影响

著者等选择 120 头体况良好、体重相近（31.4±0.38）kg 60 日龄苏钟猪（阉割）作为试验动物，随机分为 4 组：对照组Ⅰ（传统水冲圈饲养，自由采食）、对照组Ⅱ（传统水冲圈饲养，顿饲）、酒糟发酵床组（垫料基质为酒糟，简称酒糟组）、菌糠发酵床组（垫料基质为菌糠，简称菌糠组），试验期 90 d。结果显示，不同垫料对育肥猪血清及肝脏相关脂肪代谢指标无明显影响。

参考文献

[1] 唐建阳，郑雪芳，刘波，等. 微生物发酵床养殖方式下仔猪行为特征[J]. 畜牧与兽医，2012，44：34 - 38.

[2] Turner S, Roehe R, D'Eath R, *et al*. Genetic validation of postmixing skin injuries in pigs as an indicator of aggressiveness and the relationship with injuries under more stable social conditions[J]. *Journal of Animal Science*, 2009, 87: 3076 - 3082.

[3] 郭玉光. 两种饲养模式下育肥猪的生长性能与行为特征[D]. 南京：南京农业大学，2012.

[4] Pedersen B, Curtis S, Kelley K, *et al*. Wellbeing in growing finishing pigs: environmental enrichment and pen space allowance [J]. *Livestock Enrichment*, 1993: 43 - 150

[5] 朱洪龙，杨杰，李健，等. 两种饲养方式下仔猪生产性能、行为和唾液皮质醇水平的对比分析[J]. 中国农业科学，2016，49：1382 - 1390.

[6] 秦枫，潘孝青，顾洪如，等. 发酵床不同垫料对猪生长、组织器官及血液相

关指标的影响[J]. 江苏农业学报，2014，30：130－134.

[7] 温朋飞，刘洪贵，王希彪，等. 富集环境对育肥猪生产性能及胴体肉品质影响[J]. 东北农业大学学报，2016，47：62－68.

[8] Nielsen BL, Lawrence AB, Whittemore CT. Effect of individual housing on the feeding behaviour of previously group housed growing pigs[J]. *Applied Animal Behaviour Science*, 1996, 47: 149－161.

[9] Morrison RS, Hemsworth PH, Cronin GM, *et al*. The social and feeding behaviour of growing pigs in deep-litter, large group housing systems[J]. *Applied Animal Behaviour Science*, 2003, 82:173－188.

[10] Morrison RS, Johnston LJ, Hilbrands AM. The behaviour, welfare, growth performance and meat quality of pigs housed in a deep-litter, large group housing system compared to a conventional confinement system[J]. *Applied Animal Behaviour Science*, 2007, 103:12－24.

[11] Honeyman MS, Harmon JD. Performance of finishing pigs in hoop structures and confinement during winter and summer[J]. *Journal of Animal Science*, 2001, 81: 1663－1670.

[12] Zhou CS, Hu JJ, Zhang B, *et al*. Gaseous emissions, growth performance and pork quality of pigs housed in deep litter system compared to concrete floor system[J]. *Animal Science Journal*, 2015, 86: 422－427.

[13] Jensen MB, Studnitz M, Pedersen LJ. The effect of type of rooting material and space allowance on exploration and abnormal behaviour in growing pigs[J]. *Applied Animal Behaviour Science*, 2010, 123:87－92.

[14] Munsterhjelm C, Peltoniemi OT, Heinonen M, *et al*. Experience of moderate bedding affects behaviour of growing pigs[J]. *Applied Animal Behaviour Science*, 2009, 118:42－53.

[15] Klont RE, Hulsegge B, Hoving Bolink AH, *et al*. Relationships between behavioral and meat quality characteristics of pigs raised under barren and enriched housing conditions[J]. *Journal of Animal Science*, 2001, 79: 2835－2843.

[16] Whatson T. The development of dunging preferences in piglets[J]. *Applied Animal Ethology*, 1978, 4: 293.

[17] Wechsler B, Bachmann I. A sequential analysis of eliminative behaviour in domestic pigs[J]. *Applied Animal Behaviour Science*, 1998, 56(1): 29 - 36.

[18] Colson V, Martin E, Orgeur P, Prunier A. Influence of housing and social changes on growth, behaviour and cortisol in piglets at weaning[J]. *Physiology & Behavior*, 2012, 107: 59 - 64.

[19] Terlouw C. Stress reactions at slaughter and meat quality in pigs: genetic background and prior experience: A brief review of recent findings[J]. *Livestock Production Science*, 2005, 94: 125 - 135.

[20] Foury A, Lebret B, Chevillon P, *et al*. Alternative rearing systems in pigs: consequences on stress indicators at slaughter and meat quality[J]. *Animal*, 2011, 5: 1620 - 1625.

[21] Gade PB. Effect of rearing system and mixing at loading on transport and lairage behaviour and meat quality: comparison of outdoor and conventionally raised pigs[J]. *Animal*, 2008, 2: 902 - 911.

[22] 秦枫,潘孝青,邵乐,等,发酵床饲养方式对猪情绪因子及抗抑郁因子P11基因mRNA表达的影响[J]. 西南农业学报. 2021,34(02):406 - 411.

[23] 秦枫,潘孝青,李健,等,发酵床不同垫料对肥育猪生长性能及脂肪代谢指标的影响[J]. 西南农业学报. 2016,29(07):1724 - 1728.

[24] 潘孝青,杨杰,徐小波,等,发酵床饲养对猪运动时间、肌纤维形态、MSTN蛋白表达的影响[J]. 畜牧与饲料科学. 2015,36(02):6 - 9.

[25] 戸澤あきつ,佐藤衆介,様々な飼育方式における肥育豚の福祉レベルならびに生理的ストレスの実態[J]. 日畜会報,2017,88(4):497 - 506.

第 6 章　发酵床猪的饲养管理

要点提示

发酵床猪的饲养管理与传统养猪有相同的方面，也有不同的地方。相同的是营养管理和防疫管理，而不同的地方有两个方面：一是垫料的调制与管理，二是寄生虫的防治。做好以上两点，是发酵床养猪成功的关键。

第一节　发酵床垫料调制与管理

一、发酵床垫料种类和特性

（一）垫料的种类

理想的垫料不仅可以为猪的生长提供舒适的环境，还能促进微生物的发酵动力，保持对粪便的分解能力。垫料成本是制约发酵床技术推广的重要因素，选择发酵床垫料时，应根据不同区域农副产品资源特点，选择合适原料作为发酵床的垫料，以拓宽垫料来源、降低垫料成本。常见的木屑、稻壳、秸秆、菌糠等生物质可单独或混合作为发酵床垫料。

1. 木屑

木屑的碳氮比高，疏松多孔，保水性好，是理想的垫料原料。木屑的种类、湿度和品质差异较大，其中木材加工中的刨花可替代木屑使用，少量碎木块也可以用作垫料。不能使用含胶合剂或防腐剂的人工板材制成的木屑，其中的有毒物质对发酵过程有抑制作用。随着发酵床饲养技术推广，木屑来源紧张，价格上涨。木屑用量一般添加为40%～50%。

2. 稻壳

透气性能比木屑好，可溶性碳水化合物比例比木屑低，灰分比木屑高，稻壳不用粉碎，过细不利于透气。稻壳用量一般添加50%～60%。

发酵床垫料采用木屑和稻壳混合使用。单独使用木屑会造成垫料板结，发酵能力下降，易造成死床。单独使用稻壳则会影响垫料的持续发酵能力，同时猪的舒适度下降。两者混合使用，不仅可以保持垫料的透气性能，而且可以提高发酵能力，延长垫料的使用寿命。

3. 稻麦秸秆

经过机械压缩的稻麦秸捆，体积大大缩小，作为底层垫料使用。在其上层铺设20～30 cm其他垫料。秸秆捆厚度约40 cm，密度128～220 kg/m^3，二次压缩秸秆捆密度450 kg/m^3，1亩地收获的秸秆可铺设1～2 m^2 发酵床（彩图6-1），秸秆作为发酵床垫料不仅可以大幅降低发酵床养猪成本支出，而且为秸秆资源化利用，种养结合提供了新途径。

秸秆的发酵损耗速度、产热速度和湿度、空隙度直接关联，当底层秸秆水分控制在50%～60%时，秸秆的天然空隙度发挥作用，有氧发酵处于优势，产热增加，并可以在一个饲养周期内完全降解。

4. 酒糟

酒糟中含有稻壳，具有一定的透气性，同时残存许多未能完全利用的营养物质，酒糟作为发酵床垫料利用，启动发酵时间短、发酵温度高，易杀灭垫料中病原微生物等。醋糟同酒糟有相似的作用。

5. 菌糠

菌糠是食用菌鲜菇采收结束后剩余的培养基，为食用菌菌丝残体及经食用菌酶解的粗纤维等成分的复合物。菌糠中含有丰富的蛋白质、多糖及其他营养成分，与木屑、稻壳等混合使用，作为发酵床垫料可以迅速启动发酵。

6. 树枝条

近年来木屑价格不断升高，对发展发酵床养猪产生一定影响。从林地、果园产生的枝条等经粉碎后可用作发酵床垫料替代木屑，吸水量和稻壳相近。

7. 椰壳粉

又称椰糠，多作栽培基质材料，由于其多含纤维及木质素，作为垫料具有吸水性和透气好的特点。

（二）垫料的吸附能力

发酵床垫料的吸附能力主要与垫料的吸水性、孔隙度等有关。

1. 垫料吸水性

垫料吸水性不但影响垫料的使用寿命，而且直接影响好氧微生物分解粪尿的功能。好的垫料具有吸收动物排泄物中的水分，保持饲养动物生活环境干燥舒适的特性。研究表明，随着使用时间的增加，垫料中纤维素、木质素等大分子物质不断被分解，垫料的吸水性逐渐下降。

2. 垫料原料孔隙度

垫料孔隙度即垫料孔隙容积占垫料容积的百分比。垫料不同成分及其内部有宽狭和形状不同的孔隙，构成复杂的孔隙系统，水和空气共存并充满于垫料孔隙系统中。

垫料孔隙度受不同原料本身的孔隙度影响。在自然状态下，设定一定的密度 0.2 g/cm^3，对不同原料进行压缩，对压缩后的原料进行孔隙度及持水性测定。稻壳、麦秸、酒糟、棉花秸、中药渣及木屑几种原料，总孔隙度麦秸最小 59.5%，棉花秸最大 70.2%；通气孔隙则稻壳最高 54.5%，木屑最低 23.4%；而持水孔隙正相反，木屑最高 41.0%，稻壳最低 12.5%（表 6－1）。

表 6－1　不同垫料原料孔隙度及持水性

处理	总孔隙度/%	通气孔隙/%	持水孔隙/%	通气孔隙/持水孔隙	压缩后密度/(g/cm^3)	压缩后干物质密度/(g/cm^3)
稻壳	67.0	54.5	12.5	4.43	0.2	0.13
麦秸	59.5	34.2	25.3	1.35	0.2	0.15
酒糟	69.4	47.7	21.8	2.19	0.2	0.13
棉花秸	70.2	33.8	36.3	0.93	0.2	0.17
木屑	64.4	23.4	41.0	0.58	0.2	0.27

从猪进栏开始，随着猪在垫料上活动以及粪尿的排泄、猪的踩踏，垫料水分含量增加，垫料容重由小变大，代表垫料吸水性的通气孔隙度也由大变小。

使用 2 年经过 4～5 周期的养殖过程的稻壳/木屑垫料，每周对垫料进行 2 次翻耙，到后期垫料出现板结，此时垫料水分含量约 53%，湿容重约 1.09 g/cm^3，干容重约 0.51 g/cm^3，毛管孔隙度约 72%，通气孔隙度约 17%。垫料的通气孔隙度与垫料发酵温度呈显著正相关。

3. 垫料的 NH_3 吸附能力

不同垫料对 NH_3 的吸附能力，受垫料本身的物理吸附能力、PH 缓冲条件下的挥发抑制效果左右，这两种能力高的垫料加上高吸水功能是最适宜的垫料。市川等试验了木屑、稻壳、稻草、咖啡渣和椰壳粉等的效果,认为咖啡渣和椰壳粉作为垫料效果最好(表6-2)。

表6-2 不同垫料加水量和 NH_3 的吸附量

垫料名	含水量/%	加水量/(l/m³)	pH值	NH_3 吸附量/(mg/l)
木屑	12.6	102	5.3	39
稻壳	10.0	70	7.5	152
稻草	10.5	150	6.2	200
咖啡渣	8.6	336	5.6	3629
椰壳粉	67.0	181	6.4	1684

* 为饱和含水量40%时的加水量。

二、垫料铺设

(一)垫料配方

垫料从铺设角度可以分为两层,底层为稻壳、棉秸秆、树枝条等不易分解的物质,或者农作物秸秆等,厚度约为40 cm;上层为易于发酵的物质(如木屑、菌糠、醋糟、酒糟等)并与稻壳混合。

在实际应用中,可以多种垫料混合或分层铺放使用。冬季木屑发酵易停滞,用发酵好的稻壳、碎树皮等铺设在下层,以增加发酵床通气性。

垫料混合使用。以稻壳和木屑为例,稻壳40%~50%、木屑50%~60%,容积比1∶1,混合垫料的水分为40%~50%。

考虑可使用的垫料种类和数量,将垫料单一或混合或分2层使用。在发酵床垫料的底层,可以采用粗大的原料,如稻草等秸秆,垫厚30~40 cm。在上层铺30 cm左右较细的发酵垫料,这种组合可以最大限度地保证下层垫料通气性,促进垫料持续发酵力。

不同垫料饲养苏钟猪的效果，如表 6－3、表 6－4 所示。

表 6－3　不同稻壳与木屑比例作为垫料的饲养效果（2011/6/24—9/29）

稻壳/木屑	初体重/kg	末体重/kg	净增重/kg	平均日增重/g	料肉比
80/20	21.7	77.4	55.8	580.8	3.78
60/40	21.6	78.9	57.4	597.6	3.67
20/80	27.8	88.4	60.6	631.5	3.48
0/100	27.0	91.9	64.9	676.0	3.25

表 6－4　不同垫料的饲养效果（2011/6/24—9/29）

处理	初体重/kg	末体重/kg	净增重/kg	平均日增重/g	料肉比
药渣	23.4	83.5	60.1	626.1	3.16
菌糠	23.6	84.7	61.1	636.6	3.11
树枝条	22.2	75.4	53.2	554.4	3.57
再生料	23.6	75.9	52.3	545.2	3.63
CK	26.2	61.7	35.4	369.2	

按猪舍面积和垫料种类，做好垫料购买和贮存计划。以饲养 500 头育肥猪的发酵床猪舍木屑垫料设计，育肥期 120 d，猪舍面积 2 m^2/头。猪舍内木屑垫料深度 60 cm，木屑容积 1.2 m^3 计，一年两个育肥批次需木屑约 600 m^3。

（二）垫料铺设

木屑、稻壳等为主的垫料铺设方法：以稻壳等难分解的原料铺设于发酵床底层，厚度为 30～40 cm；上层铺设木屑或菌糠等，厚度 30 cm 左右。

秸秆为主的垫料铺设方法：以密实秸秆捆铺设于发酵床底层，秸秆捆厚度约 40 cm；上层铺设木屑、菌糠、稻壳等一种或几种，厚度为

30 cm左右。

小贴士

垫料铺设时，可以选择使用土著菌或商用菌剂以快速启动发酵。发酵床垫料中存在大量微生物，可根据生产实际情况决定是否添加及添加量。有益微生物菌群对粪尿的分解作用是发酵床养猪技术的关键。

虽然垫料接种微生物菌种的必要性有争论，但菌种作为先导菌种具有重要意义。① 接入菌种，可加快新添垫料的发酵。② 补充菌种，可加快基质垫层优势菌群构建。③ 使用菌种，可抑制猪病原菌的发生。

为降低菌剂使用成本，发酵床菌剂可扩繁后使用。扩繁方法为：

将成品菌剂1 kg溶于50 kg自来水稀释，与150 kg麸皮或玉米粉等混匀，堆成垛，表面压实，并用薄膜覆盖，发酵5～7 d，待出现浓郁酸香时，即完成菌剂扩繁。堆积发酵期间，视发酵情况翻堆，补充氧气，以促进菌群快速繁殖。将扩培的菌剂接种至垫料，每千克菌剂可用于200～300 m^2 的发酵床，水分控制在40%～45%(以手捏能成团，松开即散为宜)。

实验表明，添加发酵床菌剂能快速启动发酵，并能有效转化粪便，降低垫料中氨氮含量。宦海琳等对不同垫料微生物增值情况及发酵温度进行了模拟测定，结果表明：7 d内木屑、酒糟＋木屑、菌糠中，芽孢杆菌生长良好；14 d后，各种垫料中芽孢杆菌数目都不同程度下降。增加了通气及保温措施后，在第4 d发酵最高温度达到47 ℃，比对照组最高温度30 ℃高17 ℃。

由于初始垫料发热量很大，所以初始的垫料厚度不能太厚，特别是夏季，因初期垫料过厚发热量大，猪群可能受垫料温度影响较大。

初建发酵床垫料厚度一般控制为:南方 50～60 cm,北方 60～80 cm;进入初冬和冬季后,再逐渐添加垫料。最低温度 0 ℃以上的区域,垫料厚度 50～60 cm;低于 0 ℃以下的区域,垫料厚度 70～80 cm。

(三)垫料预发酵

预发酵的目的是加速发酵床垫料的发酵,同时利用发酵热杀灭寄生虫卵等。要确保发酵床垫料充足并堆积进行预发酵,为保证发酵良好,垫料需调节水分,确保通气性。预发酵 1 周内发酵温度可上升到 60 ℃以上。

垫料铺设完成后,将扩繁的菌剂混合物均匀地撒于垫料上,用机械或人工翻耙垫料,翻耙深度 20～30 cm,使菌剂与垫料充分混合。冬春低温时覆盖薄膜,促进发酵。预发酵时间一般 5～8 d。发酵时温度在第 2 d 上升,可达到 40 ℃,第 3 d 可以达到最高 70 ℃,不过达到 70 ℃的时间比较短,只有几个小时,发酵一般是比较稳定的。为防止夏季垫料温度高引起猪群热应激,南方夏季垫料必须要预发酵处理。冬季可以预发酵后进猪,或不发酵直接进猪。

著者等对新铺设垫料及发酵床饲养中的垫料进行监测表明:发酵床产热高峰期为垫料制备期,温度可达 60 ℃,在饲养阶段表层垫料温度由于受外界环境影响温度在 25 ℃以内,垫料中间层温度维持在 25～45 ℃。蛔虫卵在 60 ℃干热 5 分钟、湿热 1 分钟死亡,若发酵温度未达到时,可以通过改善通气量或添加碳源使发酵温度上升到 60 ℃以上。在达不到发酵温度时,要在 1～2 周重复翻堆,使整体发酵温度上升到 60 ℃以上。从堆积发酵床的温度看,最少要进行一次翻堆。另外,20 d 以上的预发酵对减少寄生虫卵的杀灭效果显著。

发酵情况因垫料种类和季节而异。发酵床垫料用稻壳,木屑,树皮,或稻壳和木屑混合物,在夏季温度能上升到 60 ℃以上。冬季木屑和稻壳的混合垫料改善了透气性，温度也能达到 60 ℃以上。在夏季炎热的地区（日均温超过 30 ℃），为防止发酵床因为发酵产热过大造成对猪的影响，开始可以先垫 30～40 cm 垫料，发酵 3～7 d 后进猪。秋冬温度降低时，再逐渐增加垫料的厚度。

三、发酵床的管理

发酵床养猪是利用好气发酵分解处理粪尿的方法。为保证猪粪尿处理的连续性，要确保发酵床处于良好的发酵状态。

（一）垫料的水分管理

新铺设的垫料的含水量为 50%左右，中层垫料含水量 50%～60%，上层垫料由于一直接触空气，空气的含水量、光照对其影响很大，表层垫料要求保持微湿润状态（含水量 35%～45%）。

补水量以使垫料表面 2 cm 湿润即可，补水的同时补充菌种，以保持垫料中充分的菌种活力，保持对有害细菌的绝对优势，保持对粪便的绝对分解优势，保持垫料中一个良好的微生物生态平衡。

此外，饮水器设置显著影响床体水分。猪舍饮水器设置位置不正确，会导致床体水分过高。著者等设计了能将水引出发酵床外的外排式饮水器，可以最大程度地降低猪只饮水导致的发酵床局部床体水体过高的问题。

选择打捆麦秸秆作为发酵床下层垫料使用，首次铺设时在底层打捆垫料中喷洒 0.1 t/m^2 水量后，与对照组相比，2 个饲养周期后秸秆完全分解。

（二）饲养密度

发酵床垫料的发酵因猪的饲养密度、翻料次数而有很大的变化。

特别是冬季气温低，垫料发酵易停滞，要注意降低饲养密度，增加作业次数。发酵床养猪要选择适宜当地气候特点的饲养密度及垫料翻耙频次。适宜的饲养密度：南方地区为夏季 1.5 m^2/头，冬季 2.0 m^2/头，在北方地区夏季 1.2 m^2/头，冬季 1.5 m^2/头。

（三）垫料翻耙管理

发酵床垫料管理主要是适时翻耙、适时补充垫料。目的是维持发酵床的发酵功能，防止其泥泞化。发酵床的垫料发酵和堆肥相似。猪拱翻在某种程度可增加垫料通气，但不充分。因此为保证发酵床发酵，要根据发酵床的情况定期人工翻耙垫料。

夏季不翻料发酵床温度可维持在 30 ℃以上。发酵床温度低使垫料泥泞化加快、猪体的污染明显，因此要适时翻料作业。冬季添加垫料或将垫料泥泞部分清出，可使发酵床管理省力化(彩图 6－2)。

每周 1 次的发酵床翻耙作业可维持良好的发酵。不同季节发酵床的发酵状况不同，因而对垫料管理的作业要求也不同。夏季垫料无管理作业时，湿润和干燥区域的温度差异明显，且潮湿区域比例逐渐扩大，猪体的污染也变得明显。因此要依据发酵床的状况，每 2～4 周添加 1 次垫料。冬季要增加发酵床的翻耙作业次数。

新建发酵床不需要天天翻耙，只需每天将部分过于集中的猪粪分散或掩埋，对局部看起来有板结的地方进行简单翻耙。发酵床第一次翻耙在 15 d 左右，翻耙的深度为 20～30 厘米，以后每 3～5 d 翻耙 1 次。如需补充新垫料，可以在翻耙后进行。

（四）垫料的补充和更换

发酵床不需要频繁地补充新垫料，以初建时垫料厚度为 50 cm 饲养育肥猪为例，通常第一次补充新垫料的时间为 3 个月后，补充的厚度为 8～10 cm，以后每 3～4 个月补充 1 次。

更换垫料通常在垫料分解粪尿的活力下降的情况下进行，如明显感觉到粪便的分解消失情况不如以前，猪舍中臭味比较大时，应进行翻耙垫料，仍无法改善时，则进行垫料更换。

（五）垫料翻耙和清运

传统垫料管理中使用大量劳动力，劳动强度大，作业效率低。选用东风 12 型小型农用旋耕机进行垫料的定期翻耙维护，平均 5 分钟可翻耙 100 m^2 发酵床，有效提高了床体管理效率，降低了劳动强度，保证了垫料发酵温度。相关企业研制了垫料小型挖掘传输机械，实现了垫料管理作业的全程机械化，有效地提高了垫料管理作业效率。采用省力化管理化技术后，完成 300 m^2 的熟化垫料清理只需 2 个工日，而采用人工清料则需 30 个工日。

第二节　发酵床猪的饲养制度

一、猪舍的清洁与消毒

在进猪和垫料前，猪舍内部要进行必要的清洁与消毒。

二、进猪

发酵床要采用全进全出的饲养制度。

冬季发酵床垫料铺好后便可进猪，夏季垫料发酵 5～10 d 即可使用。进猪前要给猪做好驱虫及相应的免疫。

以 2 月龄以上或体重 20 kg 以上的为好，将体重相近的分为一群。在单个发酵床栏中要尽量放同一母猪的仔猪，以避免进入发酵床后不同窝的猪发生激烈的争斗。不同母猪生的仔猪进入发酵床后发生争斗打架是正常现象，这个过程一般持续 2 d 左右。将白酒喷洒在被咬猪的身体和争强猪的鼻子上，可以减少争斗。并栏时要注意强弱分群、夜并昼不并。

猪初到发酵床中比较兴奋，要等到猪稍微安静下来后再喂饲料。可以先给一些青绿饲料，保证饮水器有足够的饮水。由于刚进发酵床可能会有些不适应影响猪的肠胃功能，进入发酵床的前 2 d，要控制喂量并在饮水中添加多维，防止过饱引起消化不良。

公母分开饲养。母猪和去势公猪相比，发育和屠体性状差异明显。母猪增重稍慢，且体脂的蓄积慢。去势公猪发育快，背脂厚，瘦肉率低。

进入发酵床的猪，尽量不让猪群形成固定地点排泄的习惯。可以将迁入的猪的粪便分撒在发酵床中，引导猪不在固定区域排粪。因为猪粪尿越分散，越有利于粪尿分解。这与普通养猪需要培养固定地点排泄的做法正好相反。

夏季温度高，初入发酵床的猪 1 周左右采食量会有所下降，主要是环境应激所致。要适当增加对猪体的喷淋次数，开启风扇，保持空气流通，减少热应激。

三、日常饲养管理

（一）饲料

20 kg 以上的仔猪进栏，2～4 月龄，饲喂仔猪育成料。整群均重达 65 kg（生后 16 周）改用育肥料。

（二）采用自由采食饲养方式

保证猪 24 小时都能吃到料，否则猪由于饥饿可能会采食垫料。

在自由采食的饲养方式下，猪是不会吃垫料的。

（三）自由饮水

肉猪限制饮水会引起食欲低下，增重变差。夏季发酵床猪耗水量多，每头达 10 L/d 以上。

（四）及时补充垫料

育肥开始后，垫料深度下降至 35 cm 以下时、要及时补充新垫料。同时以发酵床面积为指标，根据气候、垫料种类、发酵床的管理状况，及时调整饲养猪的密度。

垫料的厚度因季节和养猪密度而定，冬天垫料厚一点，夏天薄一点。饲养密度以中小猪 0.8～1.0 m^2/头、大猪 2.0 m^2/头。密度过大，垫料消解不了过多的粪尿，密度过小则不经济。

（五）环境调节

除冬季外，猪舍山墙面，侧面开放，进行充分的换气。即使在冬季也要严禁密闭，通过卷帘调节等确保换气。即使猪舍内平均温度在 10 ℃以下，由于发酵床温度仍能保持 30 ℃以上，不影响猪的生长。夏季猪舍内温度超过 30 ℃时，要利用送风机和换气扇送风降温。

四、出栏

体重在 105～115 kg 范围内适时出栏，此时屠重为 68～78 kg。全栏 90%的猪达此体重时出栏。由于背膘厚主要由猪的遗传能力决定，背膘厚与季节、饲养方式关系不大。发酵床育肥猪的背膘增厚的说法没有道理，主要与猪品种及出栏体重有关。

五、 阶段分栏饲养模式

采取保育期高密度通栏饲养、育肥期分段轮换饲养及大栏饲养，加大了发酵床饲养密度及床体垫料利用率(彩图 6－3)。保育期饲养中密度达到 0.9 m^2/头，平均饲养密度 1.8 m^2/头。冬季发酵床与常规猪温度分别为 13.9 ℃和 9.8 ℃，其生产性能与常规猪场保育舍相比无显著差异。育肥期通过分段轮换饲养及大栏饲养，降低了工人工作强度，且有效防止床体水分过高造成死床，同时也缓解了垫料的板结。在保育期高密度通栏饲养、育肥期分段轮换饲养，提高了发酵床饲养密度及床体垫料利用率。中等劳动力在不同养殖方式下每饲喂百头肥猪工作时间分配，如表 6－5 所示。

表 6－5　不同养殖方式下的工作时间分配/(min/d)

饲养方式	清扫圈内粪便	运输粪便	运输饲料	喂猪	其他	合计
常规猪舍	30.9	12.3	8.3	19.9	3.2	74.7
发酵床分栏	8.5	19.3	8.4	10.9	3.7	50.8
发酵床通栏	7.6	12.0	8.8	11.2	2.8	46.4

发酵床养殖猪粪无需清除出圈，因此与水泥地面清扫时间相比，清扫粪便的工作量降低至常规饲养的 30%；通过分阶段通圈饲养，机械翻耙的方式，降低了饲养员疏粪工作的时间比例；发酵床的自由采食方式与水泥地面猪限饲饲养相比，喂猪时间节约 50%；其他时间分配，如清扫过道，防疫治疗等则大致接近。

不同饲养方式下水电成本消耗，如表 6－6 所示。发酵床养殖比水泥地面饲养可节约水、电用量 88%和 10.4%。

表6-6 猪不同饲养方式的水电消耗

项目	发酵床养猪	水泥地面饲养*	水、电用量节约
平均用电量/(千瓦·时/100头猪·d)	1.64	1.83	10.4%
日均用水量/(t/100头猪·d)	0.48	4.00	88%

* 水泥地面常规饲养,采用干清粪处理猪粪。

第三节 发酵床养猪的疫病防控

一、发酵床养猪的消毒

发酵床养猪可以消毒。由于垫料中含有大量微生物,消毒只是将表面的微生物杀死,当消毒剂功效结束后,由于垫料内储藏着大量的有益微生物,加上猪不断地拱翻,微生物会很快繁殖起来,所以消毒不会造成明显影响。如果猪拉稀等,可以清理这部分猪粪,也可以直接撒生石灰于粪便排放处消毒。治疗用抗生素残留即使随粪尿排出,也不会影响发酵床微生态平衡,不会对垫料中的有益微生物造成明显影响。

小贴士

在正常管理条件下,推荐舍内走道、饲喂台、墙壁等进行火焰消毒等物理消毒措施,垫料区通过深翻利用生物发酵热杀灭病原生物。猪舍外按照正常程序消毒,以阻断病原微生物的传播途径。

二、 发酵床猪的免疫

免疫是控制猪病特别是病毒性疫病，保障猪群健康的有效方法。像猪瘟、伪狂犬、细小、乙脑、蓝耳、圆环等病毒，大部分是内源性的，通过应激和环境因素激发。内源性病毒和病原菌并不是发酵床可以解决的问题，只能通过正常的免疫来预防。发酵床养猪由于一定程度限制了消毒药和抗生素的使用，疫苗免疫显得尤为重要。

三、 发酵床猪的寄生虫防治

研究发现，相比水冲圈饲养方式，发酵床饲养猪的寄生虫感染概率上升，容易感染猪蛔虫、鞭虫和球虫等消化道寄生虫，因此发酵床养猪的寄生虫防控很关键。

由于发酵床方式是在粪尿和垫料的混合物上长期饲养家畜，在发酵床中存在寄生虫卵以及病原菌常态化的风险。尽管发酵床的温度可高达 40～50 ℃，但并不能期待完全的高温灭菌效果。如管理不当，垫料发酵不充分，易发生细菌和寄生虫感染。为防止病原带进畜舍，在进猪时要严格检疫，并制定整个饲养过程的防病虫程序。

（一）驱虫程序

加强对猪场种猪的驱虫强度，可从源头上杜绝寄生虫的散播，起到全场净化的效果。对将进床前猪群进行有效驱虫是防控寄生虫的关键。表 6－7 是发酵床养猪驱虫程序。

表6-7　发酵床养猪驱虫程序

猪群	配方	用药时间	备注
妊娠母猪和空怀母猪	1 kg/t 虫力黑拌料	逢季首月连用5 d,2次/年	除产房母猪之外的所有种母猪
产房母猪	0.75 kg/t 虫力黑拌料	同上	包括哺乳母猪和临产母猪
公猪	1 kg/t 虫力黑拌料	同上	驱虫分2批进行,驱虫时精液不用,以保证精液质量
育肥猪	0.5 kg/t 虫力黑拌料	60～70日龄,连用6 d	保育猪转群前驱虫,驱虫后进入发酵床

注:虫力黑为一种伊维菌素为主成分的驱虫药商品。

育肥猪在进猪前驱虫。初生仔猪在保育阶段50～60日龄驱虫1次,拌料用药连喂6 d;引进猪并群前1周驱虫1次,每次拌料用药连喂5 d。在明确有蛔虫感染的猪场,在发酵床进猪前1周和1个月后,用药2次。通过饲料添加驱虫药从清洁养猪的要求看,宜作应急用。

由于单次驱虫不能从体内完全去除寄生虫,发酵床方式饲养的育成猪和妊娠猪,在分娩1个月前驱虫,以防寄生虫对哺育猪的感染。对育成猪(公,母)进行2次/年的定期驱虫。每次用药拌料连喂7 d;后备公母猪转入种猪舍前驱虫1次,拌料用药连喂5 d。

发生球虫病时,在进猪前1次,和进猪后每2个月1次投杀球虫药。

具体操作方法为:在猪群转入前10 d对新发酵床用10000倍稀释的虫净灵消毒液喷洒新发酵床和圈舍2次,间隔7 d。同时对转入新发酵床前10 d的猪群进行1次驱虫。使发酵床和周边环境中的寄生虫感染降至最低,从而达到对新发酵床猪群寄生虫病的有效控制。

猪常见寄生虫有蛔虫、鞭虫、猪球虫等。寄生虫从感染到出现症状需要一定时间，不能轻视。发酵床饲养的卫生管理中，重要的是防寄生虫病感染。发酵床垫料如被寄生虫卵污染，容易寄生，一旦垫料被寄生虫卵污染，垫料中的虫卵难以完全杀灭，易形成重复感染的情况，最有效的办法是更换新垫料。育肥猪采用全进全出饲养方式，猪出栏后，彻底进行猪舍清洁和消毒。垫料要堆积发酵处理。

日常的猪群管理中，要注意猪群的粪样检查以把握寄生虫状况，如排血便的鞭虫症，食欲不振和显著发育停滞的线虫症，蛔虫感染引起的以网状白斑和充实性白斑为多的寄生虫肝等。要及时请当地畜牧兽医技术人员诊断和指导。

（二）主要寄生虫防治

目前多用伊维菌素及阿苯达唑等低毒广谱驱虫药进行寄生虫的预防和治疗。

伊维菌素可用于猪蛔虫、猪鞭虫、螨虫等体内外寄生虫。针剂皮下注射用量 0.2～0.3 mg/kg 体重；散剂内服用量为 10～15 mg/kg 体重。

阿苯达唑除用于治疗钩虫、蛔虫、鞭虫、蛲虫、施毛虫等线虫病外，还可用于治疗囊虫和包虫病。但对血吸虫无效。猪用量为 5～10 mg/kg 体重。

1. 猪蛔虫

猪蛔虫是一种大型线虫，寄生于猪小肠，成熟卵经口感染。其后在猪体内发育，成虫产卵，再污染猪舍环境，形成重度线虫发病。患蛔虫病的仔猪引起生长发育不良，形成僵猪或发生死亡。

预防：保持猪圈、运动场地的清洁卫生，定期消毒；在蛔虫病流行的猪场，每年定期进行 2 次驱虫，通常在 3 月龄和 5 月龄时各驱虫 1 次。

治疗：伊维菌素0.3 mg/kg体重皮下注射，本品散剂也可混于饲料中服用。可同时驱除其他体内外寄生虫。

2. 猪球虫

猪球虫寄生于猪肠道上皮细胞内，病猪表现肠黏膜出血性炎症和腹泻等症状。本病的主要传染源是病猪、带虫猪和污染的场地。发酵床中的孢球虫成为猪球虫的感染源，球虫孢虫在发酵中显著减少，但不能完全杀灭。成年母猪带虫率较高，但都呈隐性感染，随时都可排出卵囊，这可能是引起新生仔猪球虫病的重要传染源。

球虫病的主要症状是腹泻。感染的日龄越小，病情越严重，1～2周龄的仔猪感染后出现水样腹泻，经2～3 d后变为黄色糊状粪。病猪精神沉郁，吮乳减少，增重缓慢，生长受阻以至死亡。本病与仔猪红痢、黄痢和白痢等仔猪腹泻病有相似之处，不易区别诊断。确诊本病应作虫卵检查。

预防：保持仔猪舍清洁干燥，产房采用高床分娩栏，可显著减少球虫病的感染率。若发现母猪感染球虫，妊娠猪在移入分娩舍前用药，以防球虫带入繁殖猪舍感染仔猪。进入发酵床前，磺胺六甲氧嘧啶按1 g/kg混入饲料，对防治球虫有良好效果。

治疗：磺胺类药物是治疗球虫病的首选药物，以磺胺-6-甲氧嘧啶(SMM)、磺胺喹恶啉(SQ)等较为常用。治疗：20～25 mg/kg体重，每日1次，连用3 d，或用125 mg/kg混于饲料中，连用5 d。

3. 疥螨病

由猪疥螨引起的猪最重要的体外寄生虫。疥螨寄生于猪的皮肤内，引起皮肤发生红点、结痂、龟裂等病变，并以剧烈的痒觉为特征。容易误认为是垫料引起的。病猪表现精神不安，食欲减少，生长缓慢，饲料报酬下降。由于本病不至于造成死亡，往往低估其重要性。

治疗：伊维菌素针剂皮下注射，用量为0.2～0.3 mg/kg体重，经2

周后重复注射 1 次。其散剂可内服，用量为 10～15 mg/kg 体重。本品同时可驱除其他体内外寄生虫。

参考文献

[1] 市川あゆみ，日置雅之，柳澤淳二. 敷料用資材のアンモニア吸着能力[D]. 愛知県農業総合試験場研究報告，2014，46：73－79.

第 7 章　发酵床养猪对环境影响与生物安全

要点提示

为了明确发酵床养猪对环境的影响及生物安全性，著者等研究了发酵床养猪基质垫层成分的变化，重金属和 N、P 等在开放性发酵床垫层及下层土壤中迁移下渗等影响，发酵床养猪对温室气体排放的影响，证明了发酵床养猪对环境友好的特性。明确了发酵床养猪可保障猪只健康，并不增加疫病风险。

第一节　猪发酵床基质垫层成分的变化

一、发酵床基质垫层的主要化学性状

垫料的化学特性主要包括垫料氮磷钾养分、有机质、重金属、pH 值及电导率等。

著者等研究了养猪发酵床基质垫层的成分变化。试验在江苏省农业科学院六合动物科学基地猪场进行。试验垫料设木屑(S)、木屑＋稻壳(SR)、木屑＋稻壳＋秸秆(SRS)3 种处理，每个处理 3 次重复，不同处理垫料层的初始厚度 60 cm。自 2014 年 7 月 14 日开始饲养育肥猪，每栏每批饲养育肥猪 6 头，共饲养育肥猪 4 批，每批出栏后，即 2014 年 11 月 14 日(Ⅰ)、2015 年 4 月 2 日(Ⅱ)、2015 年 10 月

15 日(Ⅲ)、2016 年 1 月 15 日(Ⅳ),按照该栏垫料的原料组成,并结合实际情况补充新垫料,垫料区添加的垫料质量基本相同,保证垫料层的厚度达到 60 cm 左右。

(一) N、P、K 养分含量

垫料中的 N、P、K 主要来自猪排泄的粪尿。随着养猪批次的延长,不同处理垫料 TN、TP、TK 含量均有所增加(图 7-1)。在一年半左右的使用时间里,二种处理垫料中 TN 含量在 1.59%～2.00%,TP 含量在 1.16%～1.35%,TK 含量在 1.84%～2.50%。TN、TP、TK

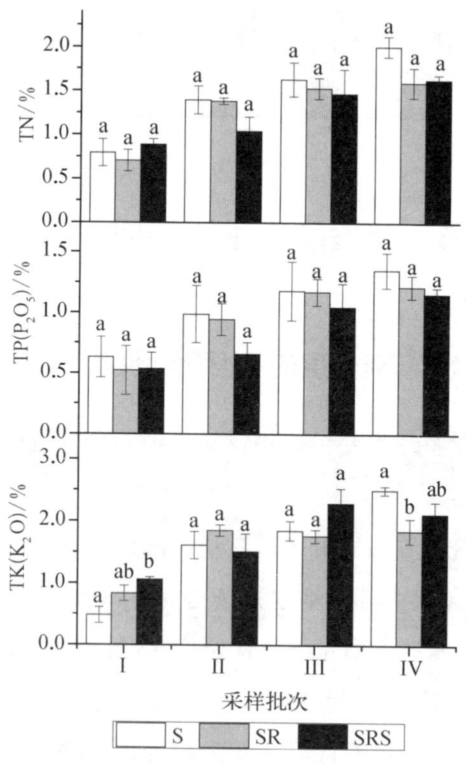

图 7-1 不同处理垫料中 TN、TP、TK 含量变化

平均含量较初始垫料，分别平均增长了1.37、1.15、1.77个百分点。在同一采样批次中，不同处理垫料中TN、TP含量差异不显著，仅TK含量在采样批次Ⅰ和Ⅳ中存在显著差异。

垫料中总氮含量呈不断增加的趋势，在0～40 cm垫料层，碱解氮、硝态氮的含量显著增大，而铵态氮含量有所降低。氨挥发是铵态氮含量下降的重要原因，在发酵过程中铵态氮被微生物吸收利用进而转化为腐植酸氮，也会造成铵态氮含量的下降。

使用一年半之后，S、SR、SRS处理的总养分分别为7.2%、5.9%和6.1%，均达到《有机肥料》(NY525—2021)中"总养分≥5%"要求。随着养殖时间变长，不同处理垫料的总养分均有所增加，主要是在养殖过程中，饲料中的养分元素随着猪排泄的粪尿进入垫料。

（二）重金属含量

不同处理垫料中重金属含量变化，如表7-1、表7-2所示。

表7-1　木屑与稻壳混合垫料内重金属积累特性/(mg/kg)

元素	垫料使用时间		
	1个月	2个月	3个月
As	0.97±0.04[c]	1.78±0.10[b]	2.05±0.17[a]
Zn	224.2±22.4[b]	240.5±27.3[b]	435.1±42.3[a]
Cr	75.4±16.0[b]	94.2±3.5[b]	132.9±14.2[a]
Cu	89.2±7.8[c]	106.4±9.8[b]	121.1±11.3[a]

著者等测定了连续使用3年垫料的重金属含量。试验表明，垫料内重金属含量存在积累性，随着垫料使用时间延长，垫料内不同重金属含量也增加。在一个养殖周期内，随着猪的生长及排粪便量的增加，重金属元素As、Zn、Cr、Cu含量随时间增加而显著增加，进猪3个

月后垫料内 As、Cr、Zn、Cu 含量显著高于进猪 2 个月及 1 个月后的垫料。特别是 Cu、Zn 增加量均略高于其他两种处理。这是由于猪粪尿排泄进入垫料的 Cu、Zn 相对较多，这与饲料中 Cu、Zn 含量较高的事实相吻合。

如表 7－2 所示，使用 3 年后垫料中不同垫料中，Cu 含量为 197.9～297.6 mg/kg，Zn 含量为 802.4～1074.4 mg/kg，即使是连续使用 3 年的猪发酵床垫料中 Cu、Zn 及主要重金属的含量均不超过相关农田安全使用标准限值。

表 7－2　使用 3 年垫料重金属含量/(mg/kg)

垫料处理	Cr	As	Cd	Pb	Cu	Zn
稻壳/木屑 60/40	41.1	10.9	0.68	24.6	197.9	802.4
酒糟/木屑 60/40	58.2	13.2	0.96	25.9	256.8	1063.1
菌糠/木屑 60/40	77.4	16.6	1.24	38.3	297.6	989.4
棉秸/稻壳/木屑 60/20/20	83.4	15.1	1.41	40.1	270.8	1074.4

（三）pH 值

试验表明，随着养猪批次的延长，不同处理垫料的 pH 值均呈先降低后升高的趋势。经过 4 批养猪周期后，S、SR、SRS 三种处理垫料的 pH 值分别为 9.4、8.8、9.1(图 7－2)。

试验 3 种处理的垫料 pH 值在采样批次Ⅳ时，均超过《有机肥料》中规定 pH 值 5.5～8.5 标准限制。在养殖前期垫料 pH 值降低，与前期垫料有机质分解，产生有机酸，同时在发酵过程中，硝化细菌发生硝化作用产生 H^+ 有关。在养殖中后期垫料 pH 值升高并呈碱性，可能有以下原因：一是猪粪尿呈碱性，长时间猪粪尿直接排泄进入垫料中，

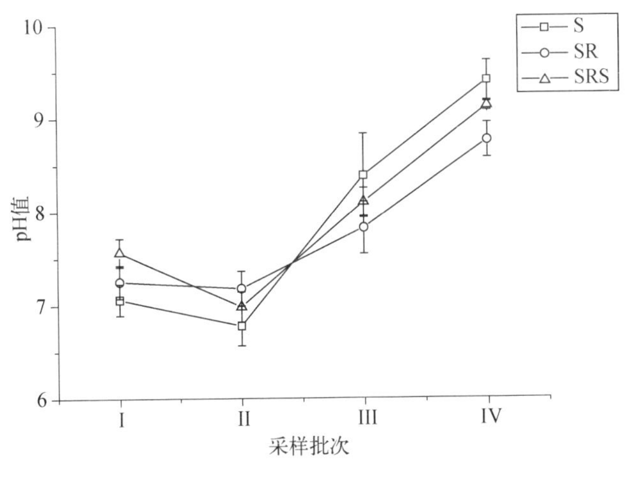

图7-2　不同处理垫料的pH值变化

导致垫料pH值升高；二是发酵床垫料在降解的过程中，会分解产生含氮物质，如铵态氮等，导致垫料pH值升高。因此将熟化垫料直接施用于土壤时，需要考虑土壤自身的酸碱性，避免对土壤或农作物的安全风险。

（四）EC值及对发芽的影响

垫料适宜的含水率在45%～60%。含水率过高发生厌氧发酵，含水率过低会抑制微生物活动。如表7-3所示，在采样批次Ⅳ中，不同处理垫料含水率、EC较初始垫料均大幅增加。S处理垫料含水率略高于其他两种处理，EC显著高于其他两种处理。

在3种垫料处理的浸提液下，小青菜种子发芽指数分别为41.7%、39.7%和51.0%，各处理间差异不显著。

表 7-3　垫料的电导率和发芽指数

处理	含水率/%	容重/(kg/m^3)	总干物量/(kg/栏)	EC/(ms/cm)	GI/%
S	64.7±3.4[a]	548.7±18.6[a]	1069.1±52.4[a]	3.43±0.20[a]	41.7±7.4[a]
SR	52.5±4.8[b]	429.8±12.8[b]	1080.7±59.8[a]	2.80±0.25[b]	39.7±2.2[a]
SRS	58.1±1.8[ab]	383.5±27.9[b]	769.3±33.2[b]	2.67±0.18[b]	51.0±6.9[a]

未腐熟的有机肥会对种子萌发和幼苗生长产生不利的影响，而种子发芽指数是评价肥料的植物毒性的有效方法。当种子发芽指数GI≥50%时，堆肥腐熟度达到可接受的水平。研究中仅SRS处理垫料浸提液下，GI略大于50%，S和SR处理为40%左右，这说明在一年半的连续使用时间里，发酵床垫料的腐熟程度不完全，需要将熟化垫料进一步堆肥完熟后使用。

二、发酵床基质垫层有机质变化

发酵床垫料的使用过程实际上是垫料及畜禽粪尿等有机物降解的过程。研究垫料中纤维素、半纤维素和木质素的降解及其影响因素，对于发酵床垫料管理具有重要意义。尹微琴等研究了发酵床养猪过程中不同原料垫料的有机质、纤维素、半纤维素及木质素在4个月使用时间内的降解情况，并对其可能的影响因素进行了分析。3种垫料的基本特性如表7-4所示。

表 7-4　发酵床垫料的基本特性

垫料	原料	质量比	含水率/%	pH值	容重/(g/cm^3)	C/N
垫料Ⅰ	稻壳/木屑	4/6	53.1	7.7	0.23	34.2
垫料Ⅱ	稻壳/木屑/酒糟	4/3/3	47.0	6.9	0.19	47.5
垫料Ⅲ	稻壳/木屑/菌糠	4/3/3	52.9	6.7	0.22	40.3

试验表明,随着垫料的使用,垫料有机质含量都呈下降趋势,降解速率在 41～59 d 达到最高。经过 117 d 的使用,垫料Ⅰ、Ⅱ、Ⅲ 0～20 cm 有机质降幅分别为 29.4%、34.2%、40.5%;20～40 cm 层次,降幅分别为 28.5%、42.5%、44.5%。垫料Ⅰ 0～20 cm 和 20～40 cm 的下降趋势存在差异,但总体降幅差异不大,垫料Ⅱ、Ⅲ 0～40 cm 有机质下降趋势接近,但 20～40 cm 降幅均高于 0～20 cm(图 7-3)。

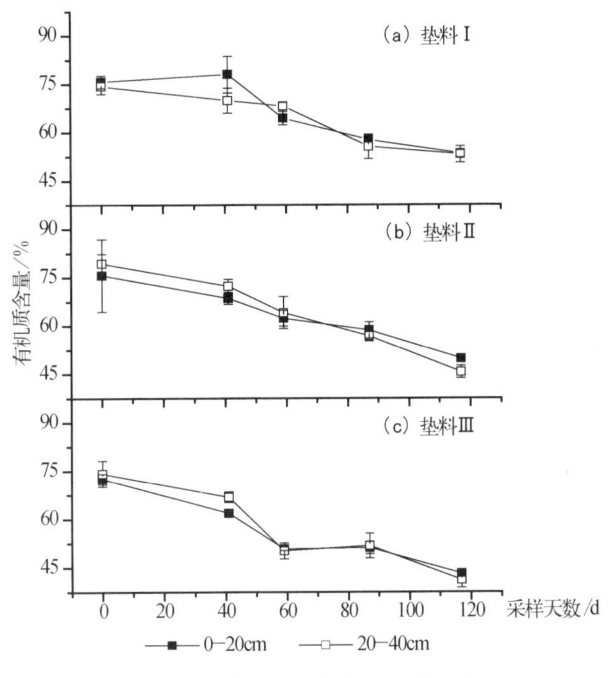

图 7-3　有机质含量随时间的变化

3 种垫料的对比发现,在 0～40 cm 垫料层中,垫料Ⅰ有机质、纤维素、半纤维素及木质素在 4 个月的使用过程中降幅分别为 28.9%、36.1%、25.1%和 18.4%;垫料Ⅱ的降幅分别为 38.3%、48.47%、48.2%和 31.7%;垫料Ⅲ的降幅分别为 42.5%、49.4%、56.6%和 32.7%,垫料Ⅱ、Ⅲ有机物质的降解速率明显大于垫料Ⅰ,反映出添加酒糟、菌糠对垫料及猪粪尿分解的促进作用。如果垫料的使用周期延长，垫料Ⅰ(稻壳/木屑)优于垫料Ⅱ、Ⅲ。

三、垫料中N、P形态及腐殖质

(一) 垫料中氮素形态

发酵床垫料中的N素主要来自养殖过程中猪的粪尿。随着发酵的进行，N素形态与总量发生着快速的变化。新垫料中的氮大部分以有机态存在，无机氮含量较少。随着猪粪尿不断地被排放到垫料内，在微生物的作用下转化为可以被植物直接吸收利用的铵态氮和硝态氮，因此无机氮含量随时间增加。

新垫料无机氮含量不到全氮的5%，使用1年的垫料中全氮、硝态氮、碱解氮含量均随使用时间增加而增加，铵态氮则相反，随使用时间增加而下降。

使用3～4年的熟化垫料无机氮含量可达到全氮的30%。垫料中无机氮主要以硝态氮形态存在，约占无机氮含量的95%。熟化垫料中有机氮占全氮量的60%～90%。

(二) 垫料中磷素形态

垫料中的磷形态包括无机磷和有机磷。无机磷主要来源于饲料及微生物代谢物。垫料pH值可影响垫料无机磷的有效性，垫料中磷酸根主要以HPO_4^{2-}为主。有机磷主要来源于猪粪、垫料原料及微生物的代谢，占总磷的70%～90%。植酸磷作为一种中稳活性有机磷，存在于垫料原料及猪粪的植酸中。饲养2批猪的木屑/稻壳垫料中植酸磷含量为10～50 mg/kg，中层垫料植酸磷含量最高，底层最低。有效磷是垫料中可被植物吸收的磷组分，包括全部水溶性磷、部分吸附态磷及有机态磷。饲养2批猪的木屑/稻壳垫料有效磷含量为77～102 mg/kg，其中上层垫料的有效磷含量最高，底层最低。

植酸磷含量与植酸酶的活性、有机磷含量与磷酸酶的活性直接相关。垫料中层植酸酶、中性磷酸酶脲酶的酶活性、有效磷含量都最高。因此发酵床中有机磷与无机磷之间的降解与转化主要发生在垫料中层。

（三）垫料中腐殖质含量

垫料发酵前期，中温微生物首先利用最容易分解的可溶性有机物（糖类、淀粉）；随着垫料使用时间增加，起主要作用的嗜热性微生物除了糖类、淀粉等易分解的有机物外，较复杂的物质如纤维素、半纤维素、木质素等也逐渐被分解。张霞等研究表明，2011年开始的1年多期间，随着垫料使用时间延长，纤维素、半纤维素和木质素含量持续降低，其中木质素降低尤其明显（图7-4）。

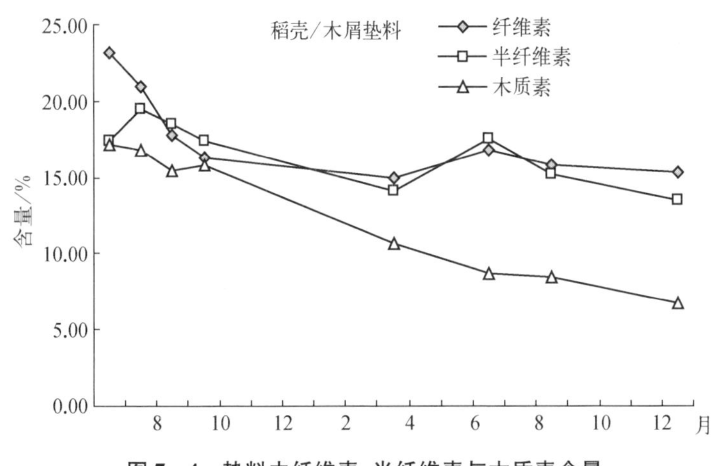

图7-4　垫料中纤维素、半纤维素与木质素含量

在土壤中，腐殖质是重要的有机碳库，大量的羧基、酚羟基和醇羟基等官能团的存在起到了吸附和固定重金属离子及大分子化合物的作用。在垫料发酵过程中，木质素和纤维素等较难被微生物降解，分解相对缓慢，而这些难降解有机质形成稳定的腐殖质。著者等研究表明，在一个饲养周期内，随时间增加，垫料内总腐殖酸含量及其组成胡敏酸、富里酸含量呈增加的趋势。使用一个养殖周期的垫料中腐殖酸含量为 4～6 g/kg，使用 3～4 年熟化垫料为 36～41 g/kg，且腐殖化程度及稳定性逐渐增加。因此发酵床养猪同时是一种高效生产腐殖质的过程，比自然形成的速度要快 30～50 倍。

四、发酵床基质垫层酶活性的变化

在发酵床系统中，研究生物酶活性有助于深入地了解猪粪在有机垫料中降解、有机物质的转化、氮素代谢过程。垫料中酶活性的大小不但可以反映出垫料中降解猪粪的能力，还能表征垫料的腐熟程度。过氧化氢酶、纤维素酶以及蛋白酶参与了垫料中的许多生化反应，与碳素、氮素代谢密切相关。著者等研究了育肥猪的发酵床垫料及下层土壤中酶活性的变化。

（一）过氧化氢酶活性

过氧化氢酶属于氧化还原酶类，是具有生物活性的蛋白质。过氧化氢酶与生物氧化反应密切相关，其活性大小可以反映堆肥中有机质转化的强度及微生物数量。

发酵床垫料中过氧化氢酶活性增大，表明随着猪的生长及排泄的粪尿量不断增加，垫料中分解粪尿的微生物活性加强，粪尿中有机质分解加快。另外，酶活性的上升与试验期间温度的回升有关。刘魁英等认为，在 10～50 ℃范围内过氧化氢酶活性随温度升高而线性增加。

在 40～60 cm 的垫料层及 60～80 cm 土壤层中，过氧化氢酶活性有略微增大的趋势，但差异不显著，表明微生物的活动区域并没有明显向深层土壤迁移。

（二）纤维素酶活性

纤维素酶活性的变化可以反映环境中碳素物质的降解情况。在发酵床养猪垫料中，纤维素酶始终保持较高的活性，表明其直接参与了垫料中纤维素、半纤维素、木质素等的分解。纤维素酶活性出现下降可能是由于没有对垫料进行翻堆从而导致垫料通气性能下降。因此，为了延长垫料的使用寿命并维持较高的酶活性，应定期对垫料进行翻挖。从第Ⅲ批次开始，纤维素酶活性有增大的趋势，表明此时发酵床垫料中的纤维素、有机物质的分解速率加快，微生物活动加强。

（三）蛋白酶活性

蛋白酶是水解酶类，主要参与含氮化合物的分解和蛋白质及其他含氮有机物的转化，是参与环境氮循环的最重要酶类。在发酵床垫料中，前三批垫料中蛋白酶活性明显高于后两批，表明在前三批采样的时间段猪排泄的粪尿内含氮化合物的分解速度明显快于后两批；产生下降是由于垫料的长时间使用，加上猪的长期踩踏，导致垫料层被压得紧实结块，通水透气性能下降，微生物活动能力减弱，蛋白酶活性相应地降低。然而其他两种酶活性不降反增，可能的原因是过氧化氢酶和纤维素酶活性受温度及有机质含量的影响大，而受翻挖的影响相对较小。分析同一深度的 5 批样品的酶活性，结果如表 7-5。

表 7-5　不同深度垫料层的酶活性

深度/cm	过氧化氢酶活性/(mg/g)	纤维素酶活性/(mg/g)	蛋白酶活性/(mg/g)
0～20	3.8±0.11[a]	7.9±0.50[a]	5.5±0.21[a]
20～40	3.3±0.08[b]	6.4±0.32[b]	4.4±0.18[b]
40～60	2.7±0.11[c]	0.94±0.04[c]	2.2±0.17[c]
60～80	2.4±0.13[d]	0.49±0.03[c]	1.8±0.16[c]

过氧化氢酶活性、纤维素酶活性和蛋白酶活性在 0～40 cm 垫料层中都随着深度的增加而显著降低，其中纤维素酶活性下降的幅度最大，蛋白酶活性次之，过氧化氢酶活性下降幅度最小。而在 40～60 cm 垫料层和 60～80 cm 土层中虽然活性下降，但是差异不显著。试验表明，在 0～50 cm 垫料层中，随着深度的加大，酶活性都有不断降低的趋势。因此，在发酵床垫料使用过程中，建议定期翻耙垫料，防止垫料层紧实结块，以增强垫料层通水透气性和微生物活动能力，提高酶活性，加快猪粪尿分解。

小贴士

在发酵床垫料中的优势微生物菌种和酶活性密切相连，能够分泌过氧化氢酶、蛋白酶等酶类来促进粪尿的分解。因此对垫料中的优势菌群进行筛选，加强微生物菌群、酶活性与垫料发酵之间关系的认识，利用好功能菌对垫料进行维护管理具有重要作用。

第二节　发酵床养猪对环境的影响

一、发酵床养猪对土壤环境的影响

著者等研究了发酵床养猪对土壤中重金属含量的影响，试验在江苏省泗阳县天蓬牧业的发酵床猪场进行。发酵床每栋4栏，每栏面积50 m^2，垫料深度约40 cm，每栏养猪15头。发酵床垫料由稻壳和木屑按1∶1比例配制。初始垫料Cu、Zn、Cr、Pb含量分别为23.9 mg/kg、43.9 mg/kg、1.4 mg/kg和13.0 mg/kg；水泥地面养殖场距离发酵床养殖基地约200 m，与发酵床养殖基地气候条件、土壤类型一致，附近分布农田、果园，无其他污染源。

（一）发酵床内垫料、垫层下土壤中Cu、Zn、Cr、Pb的含量

随时间的延长，垫料中Cu、Zn、Cr、Pb含量呈明显增加的趋势。垫层下40～60 cm土层Cu和Zn的累积不明显，Cr和Pb累积较明显。60～80 cm土层Cu含量无显著性变化，Zn有少量的累积，Cr和Pb累积较明显。研究发现垫料对于Cr的固定作用较Cu、Zn和Pb小，可能是弱碱性环境对Cu、Zn和Pb的固定作用强于Cr，使Cu、Zn和Pb不易向下层土壤迁移。

从对猪舍周边土壤重金属影响的角度看，与水泥地面饲养相比，发酵床饲养对环境影响较小。研究表明，发酵床外0～40 cm土层Cu、Zn含量呈增加趋势，但总体幅度不大；而水泥地面猪场外0～80 cm土层Cu、Zn含量增加趋势明显。

Cr在0～20 cm土层有累积趋势，发酵床和水泥地面猪舍周边土壤差异不显著。而发酵床外和水泥地面猪场外20～60 cm土壤中Cr

含量基本稳定。

发酵床外 0～80 cm 土层 Pb 含量累积不明显，而水泥地面猪场 0～80 cm 则有累积趋势。

发酵床饲养过程本身并不产生重金属。猪粪尿中的重金属主要源于饲料添加剂。随时间的推移，重金属在垫料中有累积的趋势。猪粪尿在自然堆放的条件下，Cu、Zn 可从粪便向底土迁移，迁移量与粪尿中重金属的含量正相关；规模化养猪粪尿会导致周边土壤的重金属含量提高，尤其是土壤 Cu、Zn、Cr、As 的含量，都高于正常的土壤。

发酵床养殖将绝大部分的重金属累积在垫料层，经无害化处理可将垫料转变为符合国家标准的农用有机肥，实现对垫料的资源化利用。

（二）发酵床中粪尿成分动态

如果粪尿在发酵过程中向地下渗透，会产生地下水污染，因而要防止此情况发生。

发酵床养猪垫料下土壤 N、P 含量测定结果如表 7－6 所示。与对照土壤相比，开放式发酵床下层 0～10 cm 土壤直接与垫料接触，全氮、全磷、铵态氮含量均有增加，尤其是铵态氮含量增加较多。经测定，0～10 cm 土壤内铵态氮、全氮、全磷含量分别为对照土壤含量的 5.5、1.8 和 3.6 倍。而 10～20 cm 土壤与对照土壤相差不大。研究表明，发酵床养猪垫料内氮、磷等下渗主要集中在 0～10 cm 土壤内，没有污染土壤环境的风险。

表 7－6　发酵床养猪垫料下土壤中 N、P 含量

	铵态氮/(mg/kg)	全氮/%	全 P/(mg/g)
对照土壤 0～15 cm	8.03	0.05	0.29
0～10 cm 土壤	44.5±114.7	0.09±0.05	1.03±0.88
10～20 cm 土壤	3.26±2.61	0.04±0.02	0.42±0.16

在发酵床保持正常发酵状态下，粪尿蓄积在发酵床的上层部，粪尿成分不会向发酵床地下渗透。但在发酵床发酵不好，且明显泥泞化情形下，或有雨水流入时，粪尿随水分向发酵床下部移动，有渗透到下层土壤的可能性。因此，在地下水位较高的地区及南方多雨地区，发酵床宜建成地上式；而地下式的基础面要铺设防水布，或用水泥铺底封闭以防止渗漏。

（三）发酵床熟化垫料中的重金属及其安全性

养殖后的发酵床熟化垫料中含有大量有机质、腐殖质与氮磷钾等营养元素，但由于在饲喂过程中添加了含有重金属的饲料添加剂，使得发酵床废弃垫料内含有一定的重金属等微量元素，长期大量农用会导致重金属在土壤及植物中积累，从而对生态环境及人类健康产生危害。由此可见，垫料中的重金属含量将直接影响其作为有机肥施用时对环境的污染程度，以及是否适合长期大量的资源化利用。

重金属总量是评价有机肥或堆肥重金属生物有效性和环境效应的重要指标，重金属的生物有效性不仅与其总量相关，也与其化学形态密切相关；不同形态重金属的生物毒性、在土壤中的移动性均不同。目前对有机肥中重金属形态的研究主要是针对不同粪便在堆肥过程中的重金属形态变化进行的，对发酵床垫料内重金属形态的研究鲜有报道。

著者等研究了连续使用 4 年的不同原料的熟化垫料内的重金属的交换态、碳酸盐结合态、铁锰氧化物结合态、有机结合态与残渣态等形态组成。评价熟化垫料中的重金属总量及其不同化学形态，为熟化垫料进入土壤后可能存在的重金属移动与生物毒性提供更具体的信息，评价发酵床生态养殖熟化垫料的资源化利用价值及潜力。

本试验所用样品采集自江苏省农业科学院六合动物科学基地发

酵床养殖场。采用的4年熟化垫料分别为稻壳/木屑垫料(比例:60/40)、酒糟/木屑垫料(比例:60/40)、菌糠/木屑垫料(比例:60/40)及棉花秸秆/稻壳/木屑垫料(比例:60/20/20)。垫料厚度约为50 cm,分为上下2层取样。

1. 熟化垫料中的重金属含量

由表7-7可知,同一重金属元素在不同垫料中含量存在明显差异,稻壳木屑垫料中的重金属元素含量低于其他3种垫料。不同垫料内的Cr、Cd、Pb含量均远低于《有机肥料 NY/T 525—2021》限值(Cr含量≤150 mg/kg,Cd含量≤3 mg/kg,Pb含量≤50 mg/kg);菌糠垫料中的As含量略高于标准限值(As含量≤15 mg/kg),其他3个垫料内As含量均在标准控制范围内。Cu、Zn元素含量在《农用污泥污染物控制标准 GB 4284—2018》控制范围内(Zn含量≤1200 mg/kg,Cu含量≤500 mg/kg)。

表7-7　熟化垫料中的重金属元素含量/(mg/kg)

垫料类型	Cr	As	Cd	Pb	Cu	Zn
稻壳/木屑	44.4±1.05c	10.5±1.72b	0.66±0.10b	24.5±2.66b	196.7±10.31b	801.7±58.90b
酒糟/木屑	57.8±4.84b	12.9±1.20ab	0.90±0.09ab	25.8±1.43b	255.6±7.97a	1062.4±120.53a
菌糠/木屑	79.4±2.74a	16.3±0.64a	1.2±0.11a	38.3±15.53a	296.4±12.67a	988.7±68.39a
棉秆/稻壳/木屑	85.2±12.82a	14.7±0.87a	1.4±0.05a	40.1±1.75a	269.5±1.31a	1073.7±65.66a

2. 熟化垫料中的重金属赋存形态

研究表明,熟化垫料中Cr、Cu、Zn、As、Cd、Pb的交换态含量及其占比均最低,主要以稳定态形式存在,Cr、As、Cd、Pb均以残渣态为主,Cu以有机结合态和铁锰氧化物结合态为主,Zn则以有机结合态与铁锰氧化物结合态为主。交换态、碳酸盐结合态和铁锰氧化物结合态重金属进入环境中后容易迁移转化，但只有交换态可直接被作物吸收利用。现有的有机肥标准并未对不同形态重金属的含量及其占比作出规定。

3. 施用熟化垫料对土壤重金属累积的潜在影响

在稻-麦轮作水田，按每季作物施肥量(以氮计)为 300 kg/hm^2、两季作物施肥量(以氮计)共为 600 kg/hm^2、熟化垫料含氮量 20 g/kg 计，有机肥以 50%等氮量替代计算，熟化垫料作为有机肥施用时年输入土壤内的重金属量以 4 种垫料内的重金属平均含量计，熟化垫料的年施用量约 15 t/hm^2(以干物质计)。根据熟化垫料施用量，计算通过施用垫料带入土壤的重金属年输入量，同时根据稻麦轮作 2 年的研究结果，重金属年输入总量减去稻麦年带出的总量，得到重金属年增加总量(表 7－8)。

表 7－8 施用熟化垫料对土壤中重金属年输入量的影响

重金属	年输入量/(g/hm^2)			稻麦轮作年带出量/(g/hm^2)	年增加量/(g/hm^2)
	交换态	碳酸盐结合态	总量		
铬	1.1	3.2	1000.5	357.8	642.7
铜	72.5	138.8	3818.3	214.9	3603.4
锌	20.4	1050.9	14724.3	1066.2	13658.1
砷	6.6	25.6	204.1	8.1	196.0
镉	0.18	1.1	15.8	4.6	11.2
铅	0.51	0.4	482.5	24.0	458.5

由表 7－8 可知，不同重金属的年总输入量排序为 Zn>Cu>Cr>Pb>As>Cd，不同重金属的交换态年输入量排序为 Cu>Zn>As>Cr>Pb>Cd，不同重金属的年总增加量排序为 Zn>Cu>Cr>Pb>As>Cd。

出现上述现象主要是因为供试熟化垫料内 Zn、Cu 的总含量相对较高，从而引起重金属年总输入量与年总增加量相对较高。重金属在土壤中的迁移、转化和对生物的有效性均与其在土壤中的形态直接相关，只有溶出的离子态的重金属才能被植物直接吸收与积累，施用熟化垫料，As、Cu 与 Zn 风险相对较大。

小贴士

饲料添加剂安全使用规范(2017)降低了仔猪铜锌的添加量，将铜的最高限量从 200 mg/kg 下调为 125 mg/kg，锌则规定在仔猪 25 kg 以内以及母猪设定最高限量为 110 mg/kg，而且整个饲料期禁用胂制剂。降低饲料内重金属的添加量，源头减量是解决畜禽粪便有机肥内重金属含量高的根本。由于新规范实施，熟化垫料肥料资源化利用安全，风险可控。

二、 发酵床养殖对温室气体产生的影响

（一）不同发酵床垫料的温室气体排放

畜牧生产中温室气体的排放是清洁生产中引人注目的课题。著者等研究了不同发酵床垫料对温室气体排放的影响，试验在江苏省农科院六合基地猪场进行。试验设 3 种垫料处理：S(木屑)、SR(稻壳＋木屑，质量比 1∶1)、SRS(稻壳＋木屑＋秸秆段，质量比 1∶1∶1)，每处理 3 个重复。S、SR 和 SRS 的垫料添加总量分别为 2052 kg、1900 kg 和 1470 kg。3 种原料按照分层添加的方式，秸秆段平铺最下层，中间层铺设稻壳，最上层为木屑。每个猪栏面积 19 m^2，其中垫料区面积 16 m^2，床体厚度 60 cm，每栏育肥仔猪 5 头。试验从 2014 年

7月30日至11月14日，共计107 d。CO_2、CH_4 和 N_2O 采用静态箱法对粪尿区和非粪尿区进行采集，15 d采样1次，各处理6个重复。

如图7-5所示，试验期间，3种发酵床垫料 CH_4 排放有明显差异。S的 CH_4 排放通量相对稳定。SR的 CH_4 排放通量前期较低，61～76 dCH_4 排放显著高于其他时段。SRS的 CH_4 排放通量在15 d、61 d和76 d显著高于其他采样时期，分别达到8.9 mg/m² • h、20.9 mg/m² • h和10.9 mg/m² • h。

试验期间，各处理 CO_2 排放不同。S的 CO_2 排放通量0～61 d显著升高，61 d最大，达到20.7 g/m² • h，76 d后稳定在17.6 g/m² • h；SR和SRS的 CO_2 排放通量各出现两个峰，SR的 CO_2 排放通量76 d时显著高于其他时段，达到20.1 g/m² • h，SRS的 CO_2 排放通量在15 d和91 d时显著高于其他时段，达到23.8 g/m² • h和22.9 g/m² • h。总体上，S的 CO_2 排放通量后期比前期显著升高，SR和SRS的 CO_2 排放明显分为前后两个阶段。

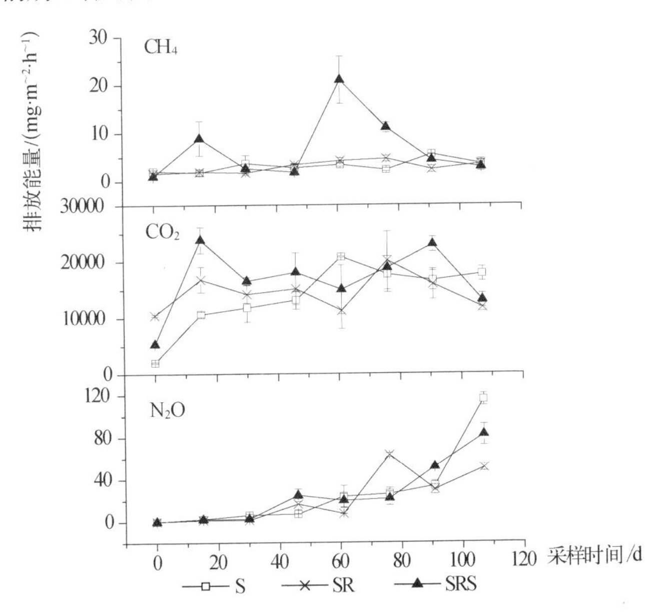

图7-5　不同垫料的温室气体排放的变化

猪饲养过程中，S 和 SR 的 N_2O 排放通量显著升高，SR 的 N_2O 排放通量 46 d 以后出现较大波动。107 dS、SR 和 SRS 的 N_2O 排放通量分别达到 115. 1 mg/m² · h、50. 2 g/m² · h 和 80. 8 mg/m² · h。整个试验期间，各处理 N_2O 的排放集中在饲养后期。

不同垫料处理的 CO_2 排放当量，如表 7－9 所示。

表 7－9　不同垫料处理的 CO_2 排放当量

处理	CH_4 排放量		N_2O 排放量		CO_2 排放总量/(kg/m^2)	CO_2eq 排放当量/(kg/m^2)
	累积排放量/(g/m^2)	折合成 CO_2/(g/m^2)	累积排放量/(g/m^2)	折合成 CO_2/(g/m^2)		
S	8. 1[Bb]	202. 5[Bb]	57. 9[a]	17249. 2[a]	36. 842[a]	17. 451[a]
SR	7. 6[Bb]	189. 3[Bb]	52. 8[a]	15732. 8[a]	38. 263[a]	15. 922[a]
SRS	18. 6[Aa]	464. 9[Aa]	60. 3[a]	17963. 4[a]	45. 582[a]	18. 428[a]

S：木屑；SR：木屑＋稻壳；SRS：木屑＋稻壳＋秸秆段。同列的不同大小写字母分别表示在 1%和 5%水平上差异显著。

试验期间，SRS 的 CH_4 排放总量显著高于 S 和 SR，分别是 S 和 SR 的 2. 30 和 2. 46 倍。SRS 的 CO_2 和 N_2O 排放总量略高于 S 和 SR，无显著差异。发酵床养猪过程温室气体的排放主要为 N_2O，添加秸秆段处理 CO_2 排放量略高于不添加秸秆的两种垫料，但差异不显著。

发酵床舍内 CO_2 主要由微生物降解有机物和猪呼吸产生。3 种垫料处理的 CO_2 中后期排放通量快速增加。认为是纤维素、半纤维素等难降解的有机物有关酶活性的增强，使得微生物生长所需物质快速合成，加速微生物的生长，增加了 CO_2 的排放通量。

CH_4 的产生一般通过产酸和不产酸两种途径，两种途径都必须具备：有机物和水分、厌氧环境、适于发酵菌和产 CH_4 菌生存和繁殖的温度。发酵床养猪过程中，氧气不足或局部厌氧会导致 CH_4 产生。试验表明，SRS 的 CH_4 排放主要集中在前期和后期。发酵床舍内 CH_4 主要源自猪粪便、垫料在厌氧条件下发酵分解产生。添加秸秆的发酵床垫料，由于秸秆易腐解，不利于空气流通，CH_4 的排放总量显著高于其他两种处理。

发酵床养殖过程中 N_2O 的排放主要通过硝化和反硝化作用。发酵床垫料的含水量、pH 值、NH_4^+-N、NO_3^--N 等的变化会影响发酵过程中 N_2O 的产生和排放。垫料的 N 含量是影响 N_2O 排放的关键因素。试验中 3 种垫料 N_2O 排放的快速增长期相对 NH_4^+-N 和 NO_3-N 含量增加延迟 15 d 左右。NH_4^+-N 含量的增加会促使 NO_3^--N 含量的增长，进而通过硝化和反硝化作用增加 N_2O 的产生量，因此，如何减少发酵床养殖过程中 NH_4^+-N 向 NO_3^--N 的转化，以及 NO_3^--N 向 N_2O 的转化是一个需要深入研究的问题。垫料中不断累积的猪粪尿和发酵床垫料中的氮素，导致发酵床垫料内 NH_4^+-N 和 NO_3^--N 含量的增加，为 N_2O 的排放提供了大量氮源。

试验测定的 2 种温室气体中，CH_4 排放当量很小，仅占温室气体排放量的 1%～3%，N_2O 为主要温室气体排放源。虽然 CO_2 排放量大，但不增加环境的温室气体量，所以发酵床温室气体的减排要以控制 N_2O 的产生为主。

（二）发酵床养殖与水泥地面猪舍温室气体排放

著者等以发酵床和水泥地面猪舍为对象，研究了 2 种猪舍温室气体排放情况。试验在江苏省农业科学院六合动物科学基地猪场进行，发酵床育肥猪舍的垫料以木屑、稻壳制成，猪舍为大棚猪舍，每栏水泥睡台 8 m^2，垫料区 40 m^2。

发酵床于 2013 年 6 月 3 日进猪，进猪平均体重为 30 kg，10 月 30 日出栏，其平均体重为 98 kg。水泥地面猪场进、出栏时间为 6 月 6 日和 11 月 1 日，进、出栏猪只平均体重为 35 kg、90 kg。8 月 6 日至 10 月 17 日，发酵床和水泥地面猪舍饲养密度范围分别为 0.17～0.22 头/m^2、0.19～0.33 头/m^2。2 种猪舍均采用自然通风。水泥地面猪舍每天上午 8 点人工清粪，清出的粪便以堆肥方式处理；猪尿液、饮水器漏水以及冲洗水通过猪舍内的排粪沟排出，其中仅含有少量猪粪，其温室气体排放情况以化粪池固液分离管理方式进行估算。

1. 舍内外 CH_4、CO_2、N_2O 浓度变化

由图 7-6(a)可知，随时间推移发酵床猪舍和水泥地面猪舍 1 m、2 m 处 CH_4 浓度都呈先升高后降低趋势。发酵床猪舍 1 m、2 m 处 CH_4 浓度分别从第 0 d 的 1.41 mg/m^3、1.47 mg/m^3 增加到第 72 d 时 2.02 mg/m^3、2.14 mg/m^3，增幅分别为 41.6%和 45.8%；而水泥地面猪舍增幅分别为 241.3%、205.7%，其变化幅度较发酵床大。试验期间，发酵床舍内平均 CH_4 浓度为 1.59 mg/m^3，低于水泥地面猪舍的 2.60 mg/m^3，是水泥地面猪舍的 61.2%。舍外 CH_4 浓度相对稳定，变化范围为 1.23～1.37 mg/m^3。

由图 7-6(b)可知，发酵床猪舍 1 m、2 m 处 CO_2 浓度分别由第 0 d 的 753.8 mg/m^3、747.1 mg/m^3 增加到第 72 d 的 1089.0 mg/m^3、1189.4 mg/m^3，分别增加了 44.5%和 59.2%；水泥地面猪舍第 72 d 1 m、2 m 处浓度分别为 1787.6 mg/m^3、1611.7 mg/m^3。发酵床舍内平均 CO_2 浓度(893.9 mg/m^3)低于水泥地面猪舍(1137.7 mg/m^3)，是水泥地面猪舍的 78.6%。舍外 CO_2 浓度呈先平稳后升高趋势，在第 89 d 时的浓度为 795.2 mg/m^3。值得注意的是，舍内 CO_2 浓度变化趋势与 CH_4 的变化具有一致性。

由图7－6(c)可知，发酵床猪舍1 m、2 m处N_2O浓度呈先升高后降低的趋势。分别由第0 d的0.77 mg/m³、0.75 mg/m³增加到第72 d的1.40 mg/m³、1.55 mg/m³，分别增加81.8%和107%。水泥地面猪舍1 m、2 m处N_2O浓度变化不大，其范围分别为0.77～0.89 mg/m³、0.74～0.86 mg/m³。28 d前发酵床舍内N_2O浓度低于水泥地面猪舍，28 d后相反，发酵床舍内平均N_2O浓度(1.0 mg/m³)是水泥地面猪舍(0.80 mg/m³)的125.0%。舍外N_2O浓度起初偏低，后期稳定在0.72 mg/m³左右。

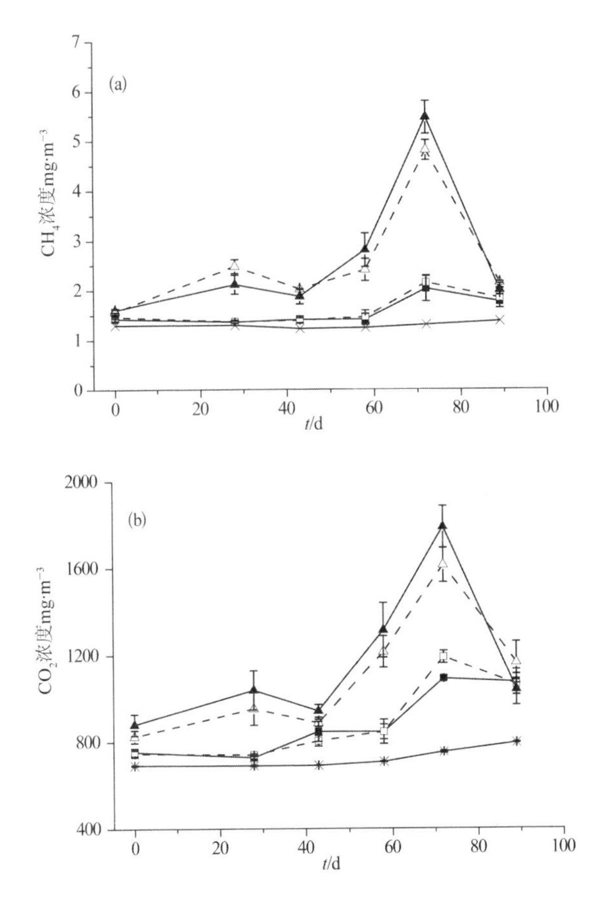

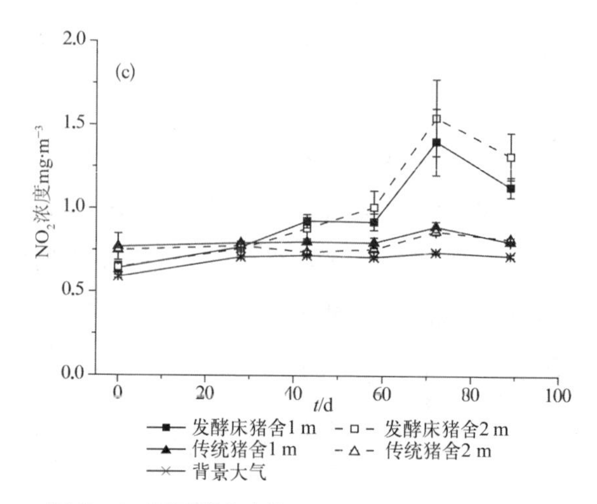

图 7-6　不同猪舍内外 CH_4、CO_2、N_2O 浓度变化

2. 猪舍内温室气体排放通量分析

试验期间发酵床和水泥地面猪舍不同气体的排放情况如表 7-10 所示。

表 7-10　发酵床和水泥地面猪舍温室气体排放通量的变化

温室气体	猪舍类型	各时段排放通量					Mean±SD
		0～28 d	29～43 d	44～58 d	59～72 d	73～89 d	
CH_4 (g/头·d)	发酵床	3.50	3.30	2.98	3.42	3.89	3.44[a]±0.12
	水泥地面	5.20	5.44	4.68	5.52	6.29	5.41[b]±0.16
N_2O (g/头·d)	发酵床	2.68	3.01	3.57	4.49	5.06	3.61[a]±0.08
	水泥地面	0.41	0.46	0.35	0.22	0.29	0.36[b]±0.02
CO_2 (g/头·d)	发酵床	1.96	2.03	2.06	2.25	2.40	2.12[a]±0.06
	水泥地面	1.42	1.39	1.58	1.47	1.78	1.52[b]±0.04

注：各时段排放通量指该时段开始、结束排放通量的平均值；[a,b] 指不同饲养模式同种气体排放通量达到 0.05 显著水平。

发酵床和水泥地面猪舍内 CH_4 排放通量分别为 2.98～3.89 g/头·d 和 4.68～6.29 g/头·d，N_2O 为 2.68～5.06 g/头·d 和 0.22～0.46 g/头·d，CO_2 为 1.96～2.40 kg/头·d 和 1.39～1.78 kg/头·d；相比较而言，发酵床猪舍内平均 CH_4 排放通量较水泥地面猪舍少 1.97 g/头·d，是其 63.6%，而平均 N_2O 和 CO_2 排放通量是水泥地面猪舍 10 倍和 1.4 倍。

3. 温室气体排放总量

堆肥中 N_2O、CH_4 排放通量变化范围分别为 0.53～2.30 g/头·d、2.28～5.10 g/头·d，其平均排放通量分别为 1.35 g/头·d 和 3.33 g/头·d(表 7-11)。堆肥管理中 97.5%的 C 以 CO_2 形式被氧化，以 CH_4 形式损失的 C 仅占 2.5%；CH_4 是化粪池排放的主要温室气体。

表 7-11 猪粪堆肥及化粪池管理过程中温室气体的排放通量/(g/头·d)

类别	N_2O	CH_4	参考文献
堆肥	1.22	5.10	Wolter
	2.30	2.60	Fukumoto
	0.53	2.28	罗一鸣
	1.35	3.33	平均值
化粪池	—	15.31	李娜

发酵床猪舍排放的温室气体主要是 N_2O，以及少量 CH_4，每天每头猪的温室气体总排放量为 1147.1 g CO_2 eq/头·d，如表 7-12 所示。

发酵床舍内 CO_2 主要由微生物降解有机质和猪呼吸产生，CH_4 主要源自猪粪便、垫料在厌氧条件下发酵分解产生。木屑、稻壳都是多孔结构，有利于发酵床垫料创造有氧环境，同时猪的翻拱使猪粪尿与垫料充分混合，在有氧环境下实现猪粪尿快速发酵分解，增加 CO_2 产生的同时减少 CH_4 产生；N_2O 主要是通过生物硝化及反硝化过程产生，其过程受温度、水分、pH 值、有机质等诸多因子的影响，粪便的管理方式及总氮输入量亦会影响 N_2O 的产生。发酵床垫料中的氮素为 N_2O 的排放提供了大量的 N 源，认为是发酵床舍内 N_2O 浓度呈上升趋势的一个原因。

水泥地面猪舍养猪产生的温室气体主要是 N_2O 和 CH_4，每天每头猪的总排放量为 1059.3 g CO_2 eq/头·d 略低于发酵床猪，差异不显著。水泥地面猪舍饲养，温室气体主要在粪尿管理过程中产生，这与发酵床粪尿原位处理的结果其实是相同的。水泥地面猪舍 CH_4 的排放主要来源于化粪池和堆肥过程，占温室气体排放量的 78.2%，是排放总量的主要贡献者。

表 7-12　发酵床和水泥地面猪舍温室气体排放/(g/头·d)

饲养模式	来源	N_2O	CH_4	总量-CO_2 当量
发酵床	猪舍	3.61	3.44	1147.1
水泥地面	堆肥	1.35	3.33	476.2
	化粪池	—	15.31	352.1
	猪舍	0.36	5.41	231.0
	总量	1.71	24.05	1059.3

研究发现，同一批次的发酵床舍内 1 m、2 m 处的平均 CO_2 含量均低于水泥地面猪舍，第 72 d 时发酵床和水泥地面猪舍平均 CO_2 浓度达到最大值，分别为 1139.18 mg/m^3、1699.63 mg/m^3，水泥地面猪场 CO_2 含量已超过畜禽舍环境质量标准中 CO_2 含量的限制标准 1500 mg/m^3(NY/T 388—1999)，舍内 CO_2 含量过高会影响猪的生产效率。

长田隆研究了通常饲养条件下的8周，育肥体重20～80 kg期间的温室气体排出量，如表7-13所示。NH_3、CH_4、N_2O等温室气体排出量分别为5.88～10.27 g/头·d、4.83～7.82 g/头·d、0.46～1.38 g/头·d。

表7-13　猪育肥期间温室气体排出量/(g/头·d)

来源	NH_3	CH_4	N_2O
粪水处理	—	0.03～0.13	0.29～1.05
堆肥	2.88～7.05	0.01～2.30	0.02～0.18
猪舍	3.00～3.22	4.79～5.39	0.15～0.16
合计	5.88～10.27	4.83～7.82	0.46～1.38

国内对猪粪尿、生产污水固液分离后化粪池温室气体排放的研究较少，因此，要合理、准确估算水冲圈饲养方式下温室气体的排放，还有待进一步研究。

另外沼液使用过程中的温室气体排出量不可忽视。水泥地面猪舍饲养方式，沼液的使用过程产生的温室气体量较大。从猪场到施用到大田，平均输送距离为12 km以内时，温室气体排出量为8.2 kg-CO_2 eq/t，运输、施用及田间产生的N_2O比例为62%、20%和18%。输送距离为5 km以内时，温室气体排出量减少为5.2 kg-CO_2 eq/t。说明了沼液就地利用，种养结合的重要性。

第三节　发酵床养猪的生物安全性

发酵床养猪与传统养猪模式相比，可以降低养殖成本，提高猪肉品质和养猪效益，可是在重要疾病防控及生物安全性方面还有争论。有研究表明发酵床改善了猪舍环境，增强了猪机体的免疫功能，保障了猪群的健康。也有研究认为发酵床内可能含有多类致病性细菌，对猪的健康构成潜在威胁。

一、发酵床养猪不增加病原风险

发酵床微生物群落源于厚壁菌门、变形菌门、拟杆菌门，厚壁菌门占 68%，在有机物分解中发挥主体作用，芽孢杆菌属和梭菌属的细菌为发酵床优势菌种。

发酵床养猪与传统养猪相比，发酵床垫层形成的平衡稳定的微生态区系能抑制有害微生物的生长，未见增加病原微生物的风险。在正常管理条件下，发酵床本身也是消毒床，其功能层 20～50 cm 范围内温度可达到 50 ℃以上，发酵功能菌群占绝对优势，形成特定的微生态环境，这种环境不利于绝大部分病原微生物的生存。利用垫料中有益菌群的占位，病原微生物被数量占优势的有益功能发酵菌产生的高温、有机酸、抗菌肽等杀灭。

发酵床垫料的不同发酵阶时期，有着不同的微生物群落组成，以适应垫料层环境的变化。铺设利用时间在 1～2 年的发酵床能维持微生物的多样性，第 3 年垫料微生物多样性下降，变形杆菌出现较多。建议发酵床垫料的更换周期应在 2 年之内。

（一）发酵床猪对猪瘟、蓝耳病及口蹄疫血清抗体的影响

2012 年 11 月和 2013 年 5 月采集阜宁县发酵床和传统水冲圈的生猪（50～75 kg 体重）血样进行生猪猪瘟、猪蓝耳病病毒及猪口蹄疫血清抗体检测。其中发酵床样品 1165 份，水冲圈样品 1383 份（表 7 - 14）。

表 7-14 水冲圈与发酵床模式下生猪血清抗体检测结果

年份	模式	PRRSV		CSFV		FMD	
		阳性数/样品数	阳性率/%	阳性数/样品数	阳性率/%	阳性数/样品数	阳性率/%
2012	水冲圈	357/711	50.2	678/711	95.4	669/711	94.1
	发酵床	393/602	65.3	588/602	97.7	573/602	95.2
2013	水冲圈	497/672	74.0	645/672	96.0	666/672	99.1
	发酵床	429/563	76.2	551/563	97.9	545/563	96.8

由表 7-14 可知，发酵床模式下猪蓝耳抗体阳性率不同年份均高于水冲圈猪，发酵床养猪有显著的促进蓝耳病疫苗免疫保护率的作用。而猪瘟、口蹄疫阳性率两种养殖方式的差异不明显。

（二）发酵床与水冲圈内外环境猪主要病原监测

健康猪样本来源于 2013—2015 年间，跟踪发酵床模式下的出栏猪至屠宰场，进行随机采样，采集肺脏、腹股沟淋巴结、扁桃体和脾脏，实验室匀浆处理。同时采集同一地区水冲圈猪样本作为对照。发病猪样本来源于江苏境内 2013—2015 年间的发病猪。不同饲养方式下健康猪和发病猪病原检测结果见表 7-15。

表 7-15 发酵床与水冲圈养殖模式下健康猪和病猪的病原检测

	病原	水冲圈		发酵床		方法
		阳性数/样品数	阳性率/%	阳性数/样品数	阳性率/%	
健康猪	Mhp	135/157	86.0	71/85	83.5	Real-time
	CSFV	9/351	2.6	10/223	4.5	RT-PCR
	PRRSV	52/351	14.8	32/223	14.4	RT-PCR

续表

	病原	水冲圈		发酵床		方法
		阳性数/样品数	阳性率/%	阳性数/样品数	阳性率/%	
健康猪	PCV2	251/351	71.5	160/223	71.7	PCR
	PRV	29/351	8.3	22/223	9.8	PCR
	Mhp	87/196	44.4	29/62	46.8	PCR
	CSFV	17/271	6.3	5/80	6.3	RT-PCR
病猪	PRRSV	57/271	52.8	38/80	47.5	RT-PCR
	PCV2	73/271	98.9	78/80	97.5	PCR
	PRV	36/271	13.3	9/80	11.3	PCR
	FMD-O	40/52	76.9	2/22	9.1	RT-PCR
	SS	22/196	11.2	6/43	13.9	PCR
	HPS	15/33	45.5	9/16	56.3	PCR

发酵床和水冲圈饲养条件下，健康出栏育肥猪 PCV2、PRRSV、CSFV、Mhp 以及 PRV 病原检测发现，无论是发酵床还是水冲圈，Mhp 和 PCV2 的检出率最高。并且两种饲养方式下几种病原的检测率差异均不显著，说明发酵床养猪对猪体内病原的感染没有影响。

同时对发酵床养猪模式下的健康生猪、发病猪以及环境中的几种猪主要疫病病原检测，发现健康猪群中猪口蹄疫的发生率比水冲圈低很多，而其他病原如蓝耳病病毒、圆环病毒等，均没有显著差异。

苏霞等对 4 个猪场的猪瘟、猪繁殖与呼吸综合征免疫抗体和几种致病菌进行了检测。认为发酵床猪和对照猪都生长正常，按时出栏。外观印象试验猪更干净、健壮。从病毒病抗体检测和寄生虫检查结果看，发酵床与水泥地猪群差异不显著，在致病菌检出率上发酵床猪群略低于水泥地对照群。发酵床养殖对疾病的防控无影响。

（三）发酵床常用菌种的药敏试验

采用纸片扩散法检测了8种益生菌菌株对50种常用抗生素的敏感性，发现这些益生菌对青霉素类、头孢菌素类、林可霉素及多粘霉素B的敏感性较低，甚至不敏感，适合于发酵床应用。此外在临床实际中，益生菌接触的抗生素多为治疗用抗生素的代谢物，其浓度一般较低，不会对发酵床益生菌造成影响。

另外疫苗免疫对发酵床床体没有影响。疫苗免疫是发酵床养猪模式下疫病防控的关键。要根据本场或本地区疫病流行情况，制定合理的免疫程序，及时接种疫苗。

二、发酵床养猪寄生虫病监测及控制

著者等调查了阜宁县5个发酵床猪场及4个水泥地面猪场的寄生虫感染情况。每个猪场采集3个圈，每圈选择采集3头猪的样本。采样时猪场选择要求：垫料使用时间超半年，圈里有60 kg以上的育肥猪，饲养密度约2 m^2/头。粪便收集装入自封袋中，编号，放入装有冰块的泡沫盒中进行实验室检测。采用饱和盐水漂浮法检测寄生虫虫卵。

在调查的5个发酵床养殖猪场中，猪蛔虫感染最为严重，猪鞭虫和猪球虫次之，也有感染结肠小袋纤毛虫，但由于小袋纤毛虫一般为共生，因此在制定和实施驱虫程序时应以驱猪蛔虫，鞭虫和球虫为主。

相比水冲圈而言，发酵床猪寄生虫的感染强度较大，符合发酵床养猪的特点，也是发酵床养猪的最主要瓶颈之一。由于发酵床的特性，光靠药物很难彻底净化猪消化道寄生虫，必须从发酵床本身及寄生虫生长周期及生长特性出发，联合驱虫药物才能达到良好的驱虫效果。因此从源头杜绝寄生虫是有效的办法，在猪进入发酵床前要做好彻底净化驱虫，关键是做好种猪及保育猪转群前驱虫，驱虫后1周再转入发酵床。

利用发酵床20～35 cm垫层温度长期稳定保持40～65 ℃的特点，结合发酵床日常管理中的疏粪管理和定期翻动垫料，利用发酵床的生物热作用可抑制虫卵发育。而发生寄生虫严重感染的发酵床，其中虫卵难以根除，易发生重复感染，发酵床垫料则不能继续使用。

试验表明，发酵床养猪只要做好进圈前的驱虫防治，以及养殖过程中的垫料管理，不会导致寄生虫病的发生。发酵床猪场应做好寄生虫的监测，采用全进全出的饲养方式，搞好清洁卫生和消毒工作，严禁饲养猫、狗等宠物，以消灭寄生虫的中间宿主。同时加强分解处理粪便的发酵垫料的管理，通过发酵垫料的堆积发酵及时杀灭虫卵。每周翻动1次垫料，有利于垫料中猪蛔虫卵的杀灭。一次驱虫前后猪主要寄生虫卵感染情况，见表7-16。

表7-16　一次驱虫前后猪主要寄生虫卵感染情况

时间	模式(猪场数)	平均虫卵数/(个/g)		
		猪蛔虫	猪鞭虫	猪球虫
驱虫前	发酵床(5)	1283±980.3	278±248.5	325±320.5
	水冲圈(4)	300±160.4	85±85.2	150±104.8
驱虫后	发酵床(4)	150±73.2	25±28.9	587±630.3
	水冲圈(3)	13±25.0	0	110±62.9
对照组	发酵床(1)	1345±58.3	300±50.0	4000±0
	水冲圈(1)	451±42.5	150±50.0	200±0

三、发酵床的环境消毒技术

针对猪饲养过程中的经常性消毒，对发酵床垫料中微生物的影响研究表明，采用复方戊二醛等对环境消毒可有效降低发酵床环境中的细菌总数及大肠杆菌数，而不会对床体产生不良影响。表7-17是消毒前后发酵床垫料中微生物含量状况，无论是细菌还是真菌总数，在消毒前后都没有明显变化。

表7-17　环境消毒前后发酵床垫料中微生物含量/log CFU

时间	细菌总数	真菌总数
消毒前	8.92±0.92[a]	5.69±0.71[a]
消毒后	8.99±0.74[a]	5.81±0.61[a]
消毒后24 h	8.75±0.71[a]	5.94±0.57[a]
消毒后72 h	8.94±0.48[a]	5.98±0.96[a]

参考文献

[1] 侯建华，孟莉蓉，李晖，等. 基于肥料化利用的猪发酵床垫料主要化学性状分析[J]. 扬州大学学报，2017，38(3)：104-110.

[2] 张丽萍，孙国峰，盛婧，等. 猪舍不同发酵床垫料氨挥发与氧化亚氮排放特征[J]. 中国生态农业学报，2014，22(4)：473-479.

[3] 马晗，郭海宁，李建辉，等. 发酵床垫料中有机质及氮素形态变化[J]. 生态与农村环境学报，2014，30(3)：388-391.

[4] 张霞，顾洪如，杨杰，等. 猪发酵床垫料中氮、磷、重金属元素含量[J]. 江苏农业学报，2011，27(6)：414-415.

[5] 张丽萍，盛婧，孙国锋，等. 养猪舍不同发酵床重金属累积特征初探[J]. 农业环境科学学报，2014，33(3)：600-607.

[6] 尹微琴，李建辉，马晗，等. 猪发酵床垫料有机质降解特性研究[J]. 农业环境科学学报，2015，34(1)：176-181.

[7] 李买军，马晗，郭海宁，等，养猪场发酵床垫料及下层土壤中酶活性变化特性研究[J]. 农业环境科学学报，2014，33(4)：777-782.

[8] 谷洁,李生秀,秦清军,等. 氧化还原类酶活性在农业废弃物静态高温堆腐过程中变化的研究[J]. 农业工程学报,2006,22(2):138-141.

[9] 刘魁英,赵宗芸. 温度、压力、底物浓度和光照强度对过氧化氢酶动力学性质的影响[J]. 河北农业技术师范学院学报,1991,5(3):24-30.

[10] 李买军,马晗,郭海宁,等. 发酵床养猪对土壤重金属含量的影响[J]. 农业环境科学学报,2014,33(3):520-525.

[11] 谢忠雷,朱洪双,李文艳,等. 吉林省畜禽粪便自然堆放条件下粪便/土壤体系中 Cu、Zn 的分布规律[J]. 农业环境科学学报,2011,30(11):2279-2284.

[12] 张树清,张夫道,刘秀梅,等. 规模化养殖畜禽粪主要有害成分测定分析研究[J]. 植物营养与肥料学报,2005,11(6):822-829.

[13] 魏思雨,李建辉,刘姝彤,等. 猪舍不同发酵床垫料温室气体排放研究[J]. 农业环境科学学报,2015,34(10):1991-1996.

[14] 郭海宁,李建辉,马晗,等. 不同养猪模式的温室气体排放研究[J]. 农业环境科学学报,2014,33(12):2457-2462.

[15] 李建辉,郭海宁,魏思雨,等. 发酵床养猪过程中甲烷的排放及其影响因素[J]. 环境科学与技术,38(7):93-97.

[16] 张丽萍,孙国峰,盛婧,等. 养猪舍不同发酵床垫料碳素流向及二氧化碳与甲烷排放初探[J]. 农业环境科学学报,2014,33(6):1247-1253.

[17] 袁玉玲,王立刚,李虎,等. 猪粪固体自然堆放方式下含氮气体排放规律及其影响因素研究[J]. 农业环境科学学报,2014,33(7):1422-1428.

[18] Laguee C, Gaudet E, Agnew J, et al. Greenhouse gas emissions from liquid swine manure storage facilities in Saskatchewan[J]. Transactions of the ASAE. 2005, 48(6): 2289-2296.

[19] Wolter M, Prayitno S, Schuchardt F. Greenhouse gas emission during storage of pig manure on a pilot scale[J]. Bioresource Technology. 2004, 95(3): 235-244.

[20] Fukumoto Y, Osada T, Hanajima D, et al. Patterns and quantities of NH_3, N_2O and CH_4 emissions during swine manure composting without forced

aeration-effect of compost pile scale[J]. Bioresource Technology. 2003, 89(2): 109 - 114.

[21] 罗一鸣,李国学,Frank Schuchardt,等. 过磷酸钙添加剂对猪粪堆肥温室气体和氨气减排的作用[J]. 农业工程学报,2012(22):235 - 242.

[22] 李娜,董红敏,朱志平,等. 夏季猪场污水贮存过程中 CO_2、CH_4 排放试验[J]. 农业工程学报,2008,24(9): 234 - 238.

[23] 董红敏,朱志平,陶秀萍,等. 育肥猪舍甲烷排放浓度和排放通量的测试与分析[J]. 农业工程学报,2006(01):123 - 128.

[24] 朱志平,康国虎,董红敏,等. 垫料型猪舍春夏育肥季节的氨气和温室气体状况测试[J]. 中国农业气象,2011(03):356 - 361.

[25] 中川仁. 農林バイオマス資源と地域利活用[J]. 養賢堂、2018 年 3 月, 339 - 356.

[26] 長田隆. 豚のふん尿処理に伴う環境負荷ガスの発生[D]. 畜産草地研究所研究報告 第 2 号(2002),15 - 62.

[27] 苏霞,王海宏,步卫东,等,发酵床养殖对猪常见疾病防控效果的影响[J]. 畜牧与兽医. 2011,43(06):72 - 74.

[28] 张霞,李健,潘孝青,等. 发酵床熟化垫料重金属含量、形态及农用潜在风险分析[J]. 江苏农业学报,2020,36(05):1212 - 1217.

[29] 张霞,杨杰,李健,等. 猪发酵床不同原料垫料重金属元素累积特性研究[J]. 农业环境科学学报,2013,32(1):166 - 171.

第 8 章 发酵床熟化垫料的肥料化利用

要点提示

发酵床养猪可有效地促进秸秆等作垫料资源化利用，同时养猪后的熟化垫料又可作为有机肥进行肥料化再利用，实现真正意义上的种养结合。将秸秆和发酵床养猪结合，实现了秸秆作为发酵床养猪垫料的大量应用，并形成秸秆垫料打捆、翻堆、清圈设备和关键技术，秸秆等垫料发酵完成后作为有机肥，成为有价值的可利用资源。

第一节 发酵床熟化垫料利用的问题点

发酵床熟化垫料作为有机肥直接利用有以下几方面不足。

一、垫料中病原微生物

发酵床本身利用有益微生物通过发酵降解畜禽粪尿，但发酵床并不能通过发酵产热和有益菌的增殖而完全杀灭或抑制致病菌。和普通养猪方式一样，在饲养过程中病猪携带的病原菌也可能保留在垫料中，造成病原菌和寄生虫等的隐患。较多见的熟化垫料中肠道寄生虫卵超标，施用前必须无害化处理。

二、重金属残留

虽然发酵床饲养本身并不增加重金属，但畜禽饲料中添加适量Cu、Zn 等元素，能调节动物代谢，对畜禽生长有一定的促进作用。发酵床养殖过程中因垫料长时间使用，会导致饲料来源的重金属含量增加。重金属元素具有难迁移、易富集、危害大等特点，随着熟化垫料还田进入农田生态环境后，可能对种植的农作物安全造成危害，从而影响食品安全。

研究表明，不同发酵床垫料对重金属的吸纳效果均不相同，As、Cu 和 Zn 在发酵床垫料中含量的多少，和畜禽饲料、垫料来源和发酵床管理方式有一定关系。使用超过 2 年的垫料中重金属元素呈明显积累趋势，在熟化垫料的肥料化利用过程中要加以重视。

三、垫料盐分

畜禽养殖过程中饲料外源添加矿物盐，除部分被畜禽吸收外，剩余部分随畜禽粪便排出体外，使得畜禽粪便中含有较高浓度的盐分，使垫料中盐分含量逐步增加，垫料使用周期越长，盐分含量越高。安全、有效利用熟化垫料资源需要考虑其盐分含量，防止土壤次生盐渍化。作为熟化垫料的主要用途之一的栽培基质，如果不能有效降低基质中盐含量，将抑制作物的出苗和生根。因此，发酵床熟化垫料资源化利用过程中需要考虑病原菌、重金属和盐分浓度等因素，对熟化垫料进行无害化处理，使其安全高效使用。

四、有效养分和速效养分含量低

畜禽堆肥有机肥的有效养分含量低。堆肥中的氮分为速效氮和半年到 2 年才能释放的缓效氮。和化肥相比，一般估算，速效磷、速效钾分别为总含量的80%和90%。而氮肥不同畜种间差异明显，速效氮占总氮的比例分别为：牛粪堆肥30%，猪粪堆肥50%，干鸡粪堆肥为70%。事实上速效氮比估算要低得多。日本畜产环境技术研究所采用旱地土壤30 ℃培养4周产生的无机氮率，及其他相关因素推算速效氮含量，结果如表8-1所示。

表8-1 主要畜禽粪堆肥养分和速效养分含量

类别	水分/%	灰分/%	pH值	EC	N	P_2O_5	K_2O
奶牛	52.2	28.6	8.6	5.6	2.1(0.13)	2.43(1.8)	2.44(2.20)
猪	36.6	30.0	8.3	6.7	2.35(0.584)	4.28(3.42)	2.92(2.63)
蛋鸡	22.4	50.4	9.0	7.9	2.9(0.631)	7.75(6.2)	4.0(3.6)
肉鸡	33.0	27.5	7.9	8.5	3.8(0.582)	5.25(4.2)	4.0(3.6)

*（ ）内为速效养分。数据来源：日本畜产环境技术研究所资料改写。

第二节 发酵床熟化垫料二次发酵技术

熟化垫料是发酵床养殖中产生的重要可利用资源，通过堆肥发酵制成有机肥是最好的利用方式。虽然垫料在发酵床使用时经过发酵，部分有机物质已经被分解，但达不到堆肥发酵的腐熟程度。堆肥时要从两方面入手，一是添加发酵菌剂，二是补充新鲜未腐熟物料。

一、菌剂对发酵床熟化垫料再发酵的影响

供试发酵床熟化垫料来源于江苏省农业科学院六合动物科学基地，垫料组分木屑∶稻壳约为1∶4，使用时间为30个月，堆肥前主要理化性状：含水量42.3%、全氮2.31%、全磷1.36%、有机质55.0%、

pH 值 7.9。菌剂有效菌成分为粉状毕赤酵母、米根霉、戊糖片球菌、枯草芽孢杆菌,总含量≥2×10^7/g。采用条垛式堆制。将发酵床熟化垫料粉碎混合均匀,调节水分含量至 55%～60%,堆体长宽高分别为 10.0 m、1.2 m、1.0 m,试验在夏季高温季节,时间 30 d。试验期间每隔 1 d 翻堆 1 次。

(一) 堆肥过程中温度的变化

堆肥是不同微生物发挥作用的过程,而堆体温度是影响着微生物活性的重要因素。在一定温度范围内,温度每升高 10 ℃,有机体生化反应速率提高 1 倍。试验中两种处理在堆肥过程中温度的变化趋势一致,堆肥开始后堆体温度都迅速升高(图 8-1),第 4 d 时添加菌剂处理堆体温度已达到 58 ℃,不添加菌剂处理堆体温度为 54 ℃,第 5 d 时两种处理堆体温度均超过 60 ℃,堆体最高温度均达 69 ℃,并保持 55 ℃以上高温达 19 d,符合畜禽粪便无害化处理技术规范。由于试验在高温季节进行,并且堆肥体积较大,有利于温度的保持。

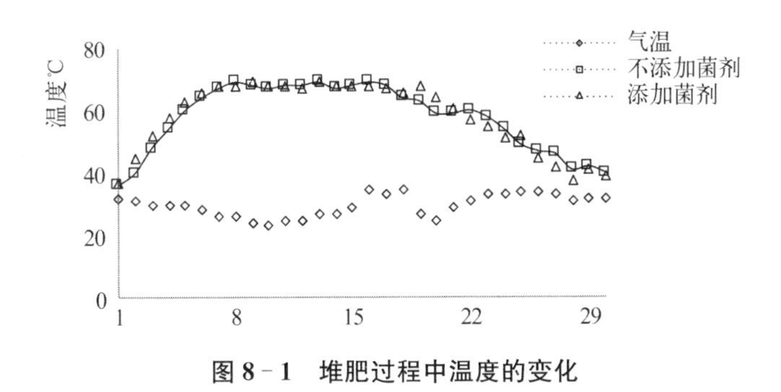

图 8-1　堆肥过程中温度的变化

堆制结束时两种处理的堆体含水量分别为 23.4%和 23.2%,均低于 30%,符合有机肥行业标准。pH 值变化不大,均在 7.3～7.9 范围内波动。

（二）堆肥过程中全氮、全磷的变化

堆制过程中，两种处理全氮含量的变化都表现为先缓慢下降再缓慢上升的趋势（图 8－2）。不添加菌剂处理全氮含量下降阶段表现在堆制期间的 1～10 d 内，此后表现为缓慢上升，堆制前后全氮含量分别为 2.33％和 2.22％，损失率为 4.89％；添加菌剂处理全氮含量下降阶段表现在堆制期间的 1～15 d 内，此后表现为缓慢上升，堆制前后全氮含量分别为 2.20％和 2.13％，损失率为 3.40％，可能与添加外源菌剂处理后稍促进了对氮的固定有关。

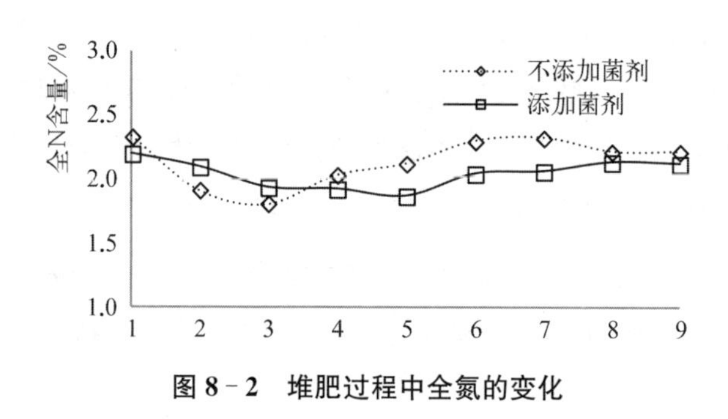

图 8－2　堆肥过程中全氮的变化

全磷的绝对总量在堆肥过程中不产生变化，随着发酵进程中挥发性有机物的分解、转化、挥发损失，磷反而被浓缩。不添加菌剂处理堆制前后全磷含量分别为 1.25％和 1.42％，添加菌剂处理堆制前后全磷含量分别为 1.21％和 1.40％。

（三）堆肥过程中种子发芽指数的变化

种子发芽指数（GI）是判断堆肥毒性和腐熟度的重要参数，当 GI＞50％时，堆肥对植物已基本没有毒性，达到基本腐熟；当 GI＞80％时，可认为堆肥已经腐熟，没有植物毒性。堆制过程中，两种处理

的种子发芽指数均呈逐渐上升趋势。不添加菌剂处理垫料在堆制初始堆制10 d后发芽指数为50.1%，达到基本腐熟，堆制25 d后发芽指数为82.2%，堆肥已经腐熟，堆制结束后发芽指数为84.4%；而添加菌剂处理垫料在堆制3 d后发芽指数就达到50.0%，进入基本腐熟状态，堆制15 d后发芽指数就高达88.3%，堆肥达到完全腐熟，堆制结束后发芽指数为98.7%。这说明发酵床养猪垫料在垫圈期间经过了一次微生物原位分解发酵过程，清圈后再次进行高温堆制时可快速降低对植物的毒性，快速达到腐熟；添加菌剂可显著加速垫料的腐熟(图8-3)。

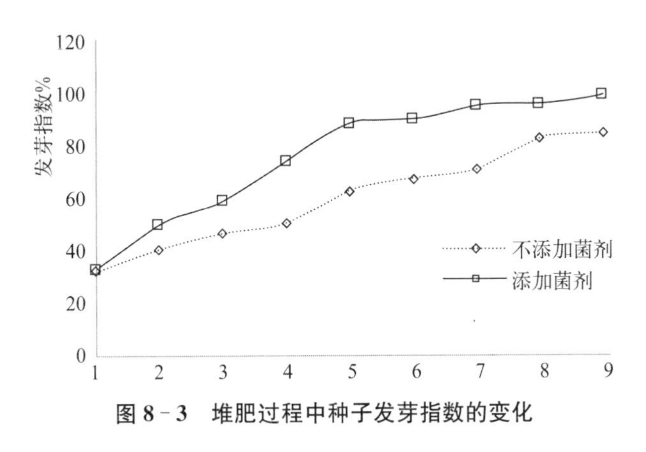

图8-3　堆肥过程中种子发芽指数的变化

(四) 堆肥过程中重金属的变化

重金属的浓度在高温堆肥过程中也表现出较明显的“相对浓缩效应”。表8-2显示，两种处理的发酵床养猪熟化垫料经过高温堆制后，物料中重金属铜、锌、砷、汞、铅、镉、铬含量均有不同程度的增加，但增加幅度与是否添加外源菌剂处理没有表现出相关性。两种处理的发酵床熟化垫料在堆制后砷、汞、铅、镉、铬的含量均在标准限量范围内。

表 8－2　熟化垫料堆肥前后重金属含量/(mg/kg)

重金属	堆肥前	堆肥后		NY/T525－2021	GB4284－2018 耕地用
		不添加菌剂	添加菌剂		
铜	98.1	123.0	139.0	—	≤500
锌	137.3	162.7	177.0	—	≤1200
镉	0.08	0.11	0.13	≤3	≤3
铬	46.3	75.2	59.5	≤150	≤500
铅	2.04	2.8	2.8	≤50	≤300
砷	0.83	0.92	0.89	≤15	≤30
汞	0.06	0.07	0.06	≤2	≤3

试验表明，发酵床养猪的熟化垫料进行高温堆肥处理时无论是否添加外源菌剂均可快速达到腐熟和无害化要求。从堆肥成本因素考虑，发酵床养猪熟化垫料经调节适宜水分含量后即可进行快速堆肥。

二、 添加木薯渣对发酵床熟化垫料成肥的影响

著者设置 25%、50%、75%等不同比例发酵床熟化垫料与木薯渣混合堆肥发酵。原料基本理化性状如表 8－3 所示。

表 8－3　堆肥原料的基本理化性状

原料	pH 值	Ec/ms・cm^{-1}	总氮/%	碳氮比	总磷/%	总钾/%
发酵床熟化垫料	8.6	6.15	1.99	17.2	1.19	1.40
木薯渣	9.4	1.72	1.70	29.2	0.36	0.68

试验表明，各处理堆肥前后全氮、总磷和全钾含量变化整体表现为上升趋势。碱解氮含量各处理变化差异大，无明显规律性。堆肥前后速效磷含量略有下降，各处理均呈现先上升后下降的变化趋势，速效钾含量都上升。说明在气温较低的季节可以通过添加少量新鲜的

有机物料或者发酵菌剂来提高发酵效率,使熟化垫料肥料化处理过程中符合国家标准。另外,不同来源或不同批次的熟化垫料因垫料原料的不同而差异较大,在后续肥料化利用时要注意调整。

第三节　发酵床垫料基质化利用技术

一、番茄育苗基质

著者等以市售商品基质为对照,初步筛选了以熟化垫料为主要成分的番茄育苗基质配方,并对基质配方中其他物料进行调整,进行番茄育苗试验。设6个处理,处理1:垫料∶蛭石∶珍珠岩∶泥炭=4∶1∶3∶2;处理2:垫料∶蛭石∶珍珠岩∶泥炭=5∶1∶3∶1;处理3:垫料∶蛭石∶珍珠岩∶泥炭=5∶2∶3∶0;处理4:垫料∶蛭石∶珍珠岩∶泥炭=3∶2∶3∶2;处理5:垫料∶蛭石∶珍珠岩∶泥炭=4∶2∶4∶0;CK:国产基质。不同处理的理化性状见表8-4。

表8-4　各配方基质的理化性状

处理	容重/(g/cm^3)	总孔隙度/%	通气孔隙度/%	pH值	电导/(ms/cm)	含水率/%
1	0.35	63	17	7.4	2.9	21.8
2	0.32	66	21	7.9	3.3	16.6
3	0.32	65	14	8.3	3.0	11.4
4	0.31	66	26	7.4	2.4	26.2
5	0.27	67	18	8.4	2.4	10.1
CK	0.59	53	19	6.7	5.1	44.0

各个处理生长状况见表8-5。与国产基质(对照)比较,处理1、

处理4和处理5在出芽率上高于对照，但是处理5生长状况没有国产基质好；而处理2、处理3出芽率与对照比较无显著差异，且生长状况明显低于对照。

表8-5　不同处理番茄植株生长状况

处理	出苗率/%	茎粗/mm	株高/cm	根长/cm	单株鲜重/g	单株干重/g
1	86.7	3.3	16.0	14.5	3.79	0.22
2	81.3	2.5	11.5	10.6	2.87	0.15
3	82.7	2.0	8.0	7.5	1.24	0.12
4	88.0	2.9	16.7	13.5	3.90	0.27
5	90.0	2.5	11.6	11.7	2.21	0.11
CK	82.7	2.5	11.5	13.9	2.90	0.17

试验表明，以熟化垫料作为基质主要成分，熟化垫料含量占30%效果最好，不宜超过40%，其中以发酵床垫料∶蛭石∶珍珠岩∶泥炭=3∶2∶3∶2(处理4)的效果最好。

二、叶菜类栽培基质

以市售的商品基质为对照，设7个配方进行空心菜栽培试验。处理1:国产基质；处理2:熟化垫料∶蛭石∶珍珠岩∶泥炭=3∶2∶3∶2(体积比)；处理3:熟化垫料∶蛭石∶珍珠岩∶泥炭=4∶2∶2∶2;处理4:熟化垫料∶蛭石∶珍珠岩∶土壤=4∶2∶2∶2;处理5:熟化垫料∶蛭石∶珍珠岩∶污泥=4∶2∶2∶2;处理6:熟化垫料∶土壤=1∶1;处理7:熟化垫料∶珍珠岩∶土壤=4∶2∶4。

各处理的理化性状见表8-6和表8-7，各处理的物理性状和化学性状存在很大的差异。

表8-6　不同配方基质的物理性状

处理	容重/(g/cm³)	总孔隙度/%	通气孔隙度/%	pH值	电导/(ms/cm)	最大持水量/%	CEC/(cmol/kg)
1(CK)	0.59	54.0	19.7	6.8	4.82	39.8	41.17
2	0.27	65.0	21.7	7.2	4.18	40.0	25.83
3	0.35	60.3	13.0	7.2	5.13	42.1	32.33
4	0.44	58.7	9.7	7.9	3.79	55.2	22.00
5	0.37	55.7	17.7	7.1	5.96	49.6	34.67
6	0.74	57.0	10.0	8.4	1.85	60.3	21.67
7	0.62	57.0	11.0	7.7	5.33	53.0	27.83

表8-7　不同配方基质的化学性状

处理	全氮/(g/kg)	全磷/(g/kg)	全钾/(g/kg)	速效氮/(g/kg)	速效磷/(g/kg)	速效钾/(g/kg)	有机质/%
1	31.6	8.32	9.86	1.27	2.19	4.96	34.2
2	23.3	7.04	13.43	1.41	3.05	5.32	32.1
3	23.5	5.92	13.80	1.41	3.47	5.96	33.0
4	16.3	5.23	12.57	0.96	3.20	3.98	20.1
5	24.9	10.62	15.65	1.35	4.15	7.23	33.5
6	16.3	5.80	10.16	0.94	2.69	3.47	15.7
7	16.4	5.83	10.15	0.96	2.70	3.65	17.6

各个处理生长状况见表8-8，与国产基质比较比较只有处理5在出芽率上与对照差不多，但是处理5产量稍微低于国产基质；而其他处理与对照比较出芽率和产量均明显偏低。

表 8-8　不同基质对空心菜生物量及地上部产量影响

处理	发芽率/%	生物量/(g/10 株)	产量/(g/10 株)
1	97.5	146.8	126.7
2	47.5	62.3	50.4
3	57.5	73.9	61.3
4	90.0	106.8	87.2
5	97.5	125.0	106.7
6	60.0	12.4	10.0
7	77.5	61.7	49.6

发酵床垫料作为空心菜栽培基质材料，与市场上购买的商品基质比较肥力不够，由于叶菜类对氮素营养需求较高，因此要在后期管理中补充氮肥。在发酵床垫料中，添加泥炭后空心菜生长效果没有添加土壤效果好。

三、熟化垫料有机肥对辣椒生长的影响

发酵床熟化垫料堆置成条垛，发酵 40 d 腐熟后作有机肥使用。试验在设施大棚进行，设 5 个处理：处理 1(CK)，不施肥；处理 2(CF)，施化肥；处理 3(POF)，施猪粪有机肥；处理 4(FOF)，施菌渣熟化垫料有机肥；处理 5(ROF)，施稻壳熟化垫料有机肥。施肥处理为等氮量施用，氮用量均为 112 kg/hm^2，供试土壤的基本理化性状如下：有机质 63.3 g/kg、pH 值 6.4、全氮 4.92 g/kg、全磷 1.93 g/kg、全钾 9.84 g/kg、速效磷 390 mg/kg、速效钾 670 mg/kg。化肥为氮、磷、钾含量 15-15-15 的复合肥。小区(9 m×3 m)随机排列，小区辣椒行株距为 70 cm×45 cm，共 28 株，设 3 个重复，供试辣椒品种为苏椒 16，所用肥料在移栽前作基肥一次性施入。三种有机肥的养分含量如表 8-9，均

符合《有机肥料 NY/T—525 2021》标准要求。

表 8-9　3 种有机肥的养分含量

有机肥	有机质/(g/kg)	总氮/(g/kg)	总磷/(g/kg)	总钾/(g/kg)
猪粪 POF	458.2	35.21	18.43	13.86
菌渣 FOF	521.3	40.01	19.60	13.29
稻壳 ROF	579.5	16.62	17.43	16.46

等氮量条件下，施用不同有机肥和化肥对辣椒产量影响如图 8-4。各施肥处理辣椒产量均显著高于对照(CK，19712 kg/hm^2)；施用化肥和有机肥的 4 个处理辣椒产量比对照增产 50%以上，不同施肥处理对辣椒产量无显著影响。试验表明，在等氮量施用条件下，发酵床熟化垫料有机肥施用后辣椒产量同样能达到化肥和常规有机肥的效果。

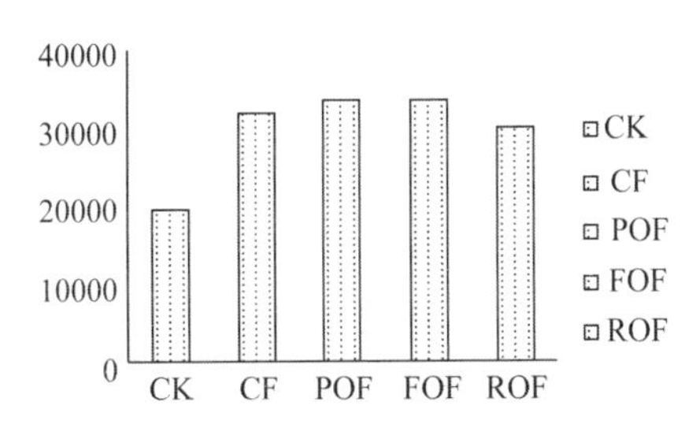

图 8-4　不同肥料对辣椒产量的影响

由表 8-10 可知，施肥同时对辣椒品质产生影响，不同的肥料所产生的影响有所不同。与 CK 比较，处理 CF 和 POF 辣椒果实体内维生素 C 含量明显降低，而处理 FOF 和 ROF 辣椒果实体内不同有机肥维生素 C 明显增加。CF 处理辣椒果实体内可溶性糖含量明显低于对照，而处理 POF、ROF、FOF 辣椒果实体内可溶性糖含量明显增加。各施肥处理辣椒果实硝酸盐含量没有明显差异，均低于国家标准

440 mg/kg(茄果类)。与其他许多研究类似,有机肥施用不仅增加作物产量,而且具有改良土壤、培肥地力和改善果实品质的功能。

表 8-10 不同肥料对辣椒果实品质的影响

处理	维生素 C/(mg/g)	可溶性糖/(mg/g)	硝酸盐/(mg/kg)
CK	0.52±0.02ab	1.69±0.18b	15.29±1.19a
CF	0.45±0.03b	1.48±0.11c	16.32±1.47a
POF	0.47±0.04b	1.78±0.21ab	19.12±1.38a
FOF	0.56±0.05a	1.90±0.10a	17.29±2.41a
ROF	0.59±0.04a	1.87±0.24a	15.87±2.12a

在等氮量施用条件下,发酵床熟化垫料有机肥 ROF 和 POF 施用后辣椒产量达到 3×10^4 kg/hm^2,与化肥和常规有机肥 POF 的产量相当;与 CF 比较,ROF 和 POF 能提高辣椒品质、改善土壤肥力、提高土壤中速效氮含量。施肥能够改变土壤中微生物多样性,施用有机肥对土壤微生物多样性改变的效果比化肥大;不同来源的有机肥对土壤中微生物区系改变方向不一样。

四、熟化垫料有机肥对黄瓜生长的影响

著者等研究了猪粪和熟化垫料有机肥对黄瓜生长的影响。熟化垫料主成分为菌糠和稻壳,有机肥的养分指标等均符合行业标准,如表 8-11 所示。

表 8-11 两种有机肥的养分含量

堆肥种类	有机质/%	总氮/(g/kg)	总磷/(g/kg)	总钾/(g/kg)
猪粪堆肥	45.8	35.2	18.4	13.9
垫料堆肥	55.0	28.3	18.5	14.9

试验肥料为等氮量施用，总氮用量为 112.44 kg/hm²，设 4 个处理，分别为：处理 1(CK)，不施肥；处理 2(CF)，施化肥；处理 3(POF)，施用 50%化肥和 50%猪粪有机肥；处理 4(FOF)，施用 50%化肥和 50%发酵床熟化垫料制成的有机肥，化肥和有机肥配施比例以总氮量为标准换算。供试土壤理化性状如下：全氮 5.80 g/kg、全磷 2.42 g/kg、全钾 9.86 g/kg、速效磷 0.65 g/kg、速效钾 0.66 g/kg、有机质 50.97 g/kg、pH 值 6.7。化肥为氮、磷、钾含量均为 15%的复合肥。试验设 3 个重复，小区随机排列，黄瓜行株距均为 50 cm，共计 16 株，小区面积为 4.5 m×1.2 m，供试黄瓜品种为京育四号，所用肥料在黄瓜苗移栽前作基肥一次性施入。

有机肥和化肥配施对黄瓜产量和品质的影响，如表 8-12。

在等氮量施用条件下，不同的有机肥与化肥配施对黄瓜产量影响不同。单施化肥处理(CF)产量为 54 285 kg/hm²，与对照(CK，48 764 kg/hm²)差异不显著；而不同有机肥与化肥配施的处理黄瓜产量显著高于对照，其中 FOF 处理产量达到 68 820 kg/hm²，显著性高于 CF 处理；POF 处理产量 65 029 kg/hm²，与 CF 处理比较差异不显著。表明有机肥与化肥配施可以获得与化肥相当或更高的产量。

表 8-12　不同肥料对黄瓜果实产量和品质的影响

处理	产量/(kg/hm²)	维生素 C/(mg/kg)	可溶性糖/(g/kg)	硝酸盐/(mg/kg)
CK	48 764	149.8±15.1b	20.5±3.2	43.2±4.6
CF	54 285	178.0±28.7ab	21.8±4.1	46.3±6.4
POF	65 029	195.0±12.7a	23.0±1.5	45.9±2.5
FOF	68 820	198.0±20.7a	19.6±0.9	44.3±6.4

有机肥和化肥配施可以提高黄瓜果实的维生素 C 的含量，与 CK

比较，POF 和 FOF 黄瓜果实体内维生素 C 含量分别提高了 30.12% 和 32.09%，而处理 CF 与 CK 黄瓜果实体内维生素 C 含量无显著性差异。单独施用化肥和不同有机肥和化肥配施处理黄瓜果实体内可溶性糖含量没有显著性差异；同时，各个处理果实体内硝酸盐含量都低于 440 mg/kg，在安全标准范围内。

试验表明，发酵床熟化垫料有机肥与化肥配施，在提高黄瓜果实产量的同时改善了黄瓜果实的品质，产量比化肥（CF）提高 26.7%。维生素 C 含量增加了 30%。同时施用熟化垫料有机肥可以改变土壤的细菌群落结构，提高土壤微生物多样性，而施用化肥对土壤的细菌群落结构没有显著影响。另外有机肥与化肥配施还能提高氮素的利用效率。

第四节　垫料有机肥对稻麦生长及土壤的影响

种养系统中畜禽排泄物和秸秆资源大量浪费并严重污染环境的问题突出，著者等研究了以养殖场和毗邻农田为单元，提出养殖场废弃物全部循环利用、种养单元污染排放最小化的控制方案。以作物秸秆作为养猪发酵床垫料为核心，研究秸秆熟化垫料作为肥料在稻麦生产中的适宜用量，构建了熟化垫料农田安全回用技术体系，实现了资源的循环利用。

一、垫料有机肥对水旱轮作系统中小麦、水稻生长及土壤的影响

著者等研究了小麦—水稻水旱轮作系统熟化垫料连续施用时，垫料等氮量替代化肥、不同施用量对稻麦产量及籽粒中重金属（Cr、Cu、Zn、As、Cd、Pb）的累积与分配，以及土壤内重金属残留的影响，明确了

熟化垫料连续施用对稻麦等大田作物的土壤重金属生物安全性。

（一）施用熟化垫料对稻麦产量的影响

小麦季施 15 kg N/亩，水稻季施 20 kg N/亩。设置不同梯度的垫料用量，试验共设 3 个处理，分别为：① 施尿素；② 熟化垫料氮 1/2 替代化肥处理；③ 全量替代；三次重复。每个小区 5 m×8 m。所用垫料水分含量 40%～50%，全氮含量 2%～2.59%。水稻品种 2017 年为籼型杂交稻 999，2018 年为粳稻 5055；小麦品种 2018 年为宁麦 26，2019 年为镇麦 12。

施用熟化垫料对水稻产量的影响，如表 8－13 所示。不同施肥处理的水稻产量差异均不显著。施尿素处理与 1/2 替代处理产量差异小。在水稻季施氮量 20 kg N/亩条件下，以垫料 1/2 替代化肥氮效果好。

表 8－13 施用熟化垫料对水稻产量影响

年度	处理	产量/(kg/亩)	穗粒数/个	穗数/株	千粒重/g
2017	施尿素	665.2	215.6	9.7b	21.9
	1/2 替代	621.1	218.1	10.8a	21.1
	全量替代	628.9	233.3	10.4ab	21.1
2018	施尿素	653.4	86.0	12.0	24.8
	1/2 替代	652.9	104.5	11.2	26.1
	全量替代	609.5	105.2	9.4	25.8

施用熟化垫料对小麦产量的影响，如表 8－14。不同施肥处理的小麦产量差异均极显著，第二季施 1/2 替代处理的小麦处理产量最高，而第四季 1/2 替代处理的产量显著低于施尿素处理。第四季在连续施用熟化垫料条件下，施氮量显得明显不足。

表 8-14　熟化垫料对小麦产量的影响

年度	处理	产量/（kg/亩）	穗粒数/个	穗数/（104/亩）	千粒重/g
2018	CF	366.2^{A}	15.4	29.15	40.5
	1/2 替代	410.4^{A}	14.2	34.88	41.3
	全量替代	248.6^{B}	13.2	23.24	40.9
2019	CF	428.5^{A}	31.0	36.46	50.1
	1/2 替代	342.1^{B}	26.9	32.10	50.7
	全量替代	220.2^{C}	23.1	29.44	45.7

（二）稻麦氮肥利用率

第一季氮肥表观利用率不同处理之间差异不显著，但施垫料处理均高于施化肥处理(表 8-15)。而第三季氮肥表观利用率不同处理之间差异显著，随着垫料施用量增加氮肥表观利用率依次降低。

表 8-15　熟化垫料对水稻当季氮肥利用率的影响

年度	处理	糙米吸氮量/（kg/ha）	总吸氮量/（kg/ha）	N 肥表观利用率/%	氮肥偏生产力
2017	CK 不施肥	103.84	166.33		
	施化肥	137.48	213.31	15.6a	25.79
	1/2 替代	139.31	224.17	19.3a	24.36
	全量替代	153.14	233.92	22.5b	24.31
2018	CK 不施肥	64.94	94.13		
	施化肥	108.24	167.63	24.5a	32.67
	1/2 替代	97.44	150.60	18.8b	32.65
	全量替代	82.12	126.27	10.7c	30.48

第二季小麦氮肥表观利用率和氮肥偏生产力以 1/2 替代处理最

高、而全量替代处理明显降低(表 8-16)。

表 8-16　熟化垫料对小麦氮肥利用率的影响(2018 第二季,宁麦 26)

处理	籽粒吸氮量/(kg/ha)	总吸氮量/(kg/ha)	N 肥表观利用率/%	氮肥偏生产力	氮肥农学效率
CK 不施肥	18.82	20.81			
施化肥	69.68	79.89	26.3ab	24.41ab	17.36
1/2 替代	76.91	86.24	29.1a	27.36a	20.31
全量替代	32.11	35.78	6.6c	16.57c	9.52

综合考虑产量、氮肥利用效率及稻麦品质等因素,在水稻季施氮量 20 kg N/亩,小麦季施氮量提高至 20 kg N/亩情况下,稻麦以熟化垫料 1/2 替代化学氮均能达到纯施化肥的产量效果。

(三) 重金属在稻麦不同器官的分配与积累

1. 重金属在水稻不同器官的分配与积累

第一季杂交水稻秸秆中的铬、铜含量随垫料用量增加而增加,糙米内铜、铬含量高于秸秆(表 8-17)。与施肥种类无关,糙米内铬含量超标,超过国家标准食品中污染物限量(GB2762-2012)(下称食品标准)限值(≤1 mg/kg)。其他元素均在标准规定限值内。

表 8-17　熟化垫料对水稻秸秆和籽粒中重金属含量的影响

	处理	Cr/(mg/kg)	Cu/(mg/kg)	Zn/(mg/kg)	As/(mg/kg)	Cd/(mg/kg)	Pb/(mg/kg)
秸秆	施尿素	0.42	1.91	10.36	0.73	0.05	0.38
	1/2 替代	1.31	2.26	8.89	0.66	0.07	0.32
	全量替代	1.65	2.51	9.02	0.65	0.06	0.31

续表

	处理	Cr/(mg/kg)	Cu/(mg/kg)	Zn/(mg/kg)	As/(mg/kg)	Cd/(mg/kg)	Pb/(mg/kg)
糙米	施尿素	2.78	1.84	10.61	0.14	0.02	0.04
	1/2 替代	2.58	2.00	10.45	0.11	0.02	0.11
	全量替代	2.80	1.77	9.58	0.11	0.03	0.09

第三季水稻(粳稻)重金属含量测定结果表明，不同器官重金属含量根>秸秆>籽粒(表 8-18)。糙米内铬、铜、锌、砷、铅含量随垫料用量增加有增加趋势，但差异不显著；但铬、铅超过食品标准限值。

表 8-18 施用熟化垫料对水稻中的重金属含量的影响(第三季)

项目	处理	Cr/(mg/kg)	Cu/(mg/kg)	Zn/(mg/kg)	As/(mg/kg)	Cd/(mg/kg)	Pb/(mg/kg)
根	施尿素	15.49	38.39	72.94	11.35	0.91	2.14
	1/2 替代	27.36	41.59	76.80	13.70	0.99	3.09
	全量替代	27.95	36.46	78.31	12.32	0.79	2.33
秸秆	施尿素	11.13	9.48	55.79	0.66	0.52	1.24
	1/2 替代	11.88	9.67	54.61	0.38	0.33	0.95
	全量替代	10.08	9.09	65.61	0.40	0.27	1.17
糙米	施尿素	1.16	6.11	26.94	0.29	0.13	0.57
	1/2 替代	1.16	5.78	25.36	0.26	0.09	0.63
	全量替代	1.10	6.82	31.71	0.34	0.07	0.70

从两季水稻不同器官内重金属含量结果可知，水稻的根中重金属浓度最高，糙米内各元素含量均随垫料用量增加呈增加趋势，但差异不显著。

2. 重金属在小麦不同器官的分配与积累

施用垫料有机肥，不同重金属在小麦内的累积顺序不一样，铬在小麦不同器官内含量依次为根＞叶＞籽粒＞茎；铜在小麦不同器官内含量依次为根＞籽粒＞叶＞茎；锌在小麦不同器官内含量依次为籽粒＞根＞叶片＞茎；砷主要集中在根部，其他器官内未检测到；镉和铅在小麦不同器官内含量都依次为根＞叶＞茎＞籽粒（表8-19）。

表8-19　施用熟化垫料对小麦中重金属含量的影响（2017—2018）

项目	处理	Cr/（mg/kg）	Cu/（mg/kg）	Zn/（mg/kg）	As/（mg/kg）	Cd/（mg/kg）	Pb/（mg/kg）
茎秆	施尿素	0.00	1.93	4.82	/	0.09	1.02
	1/2替代	0.06	1.42	7.47	/	0.07	1.75
	全量替代	0.29	1.08	6.84	0.16	0.10	0.39
叶	施尿素	19.35	4.34	9.44	/	0.22	3.34
	1/2替代	24.48	2.76	8.48	/	0.21	3.08
	全量替代	20.14	2.24	7.55	/	0.14	2.64
根	施尿素	56.06	12.78	20.29	3.55	0.19	3.83
	1/2替代	82.06	16.32	26.82	3.00	0.26	3.56
	全量替代	60.90	15.43	24.07	2.32	0.19	2.83
籽粒	施尿素	1.19	3.90	28.23	/	0.20	2.84
	1/2替代	0.86	3.11	28.40	/	0.06	0.05
	全量替代	1.05	3.05	27.52	/	0.05	0.02

小麦根部重金属含量最高。施尿素处理小麦籽粒中镉含量超标，铅含量更是严重超标，而施用熟化垫料降低了小麦籽粒内重金属镉、铅含量。

与施用化肥尿素相比，施用垫料并未提高小麦籽粒内铬含量；施尿素处理籽粒中铜含量显著高于施垫料处理；籽粒中锌含量不同处理之间差异不明显；砷元素在籽粒内未检测到。籽粒中铅含量随垫料用量增加而显著降低。

3. 施用垫料对土壤理化性质的影响

稻麦轮作三季后，施有机肥处理土壤全氮含量、磷含量、有机质含量、电导率均高于施尿素处理，pH 值略有下降(表 8－20)。

表 8－20 稻麦轮作三季后土壤理化性质

处理	N/(g/kg)	P/(g/kg)	有机质/%	NH^{4+}/(mg/kg)	pH 值	电导率/(μs/cm)
施尿素	0.58	0.49	1.14	15.26	6.6	38.67
1/2 替代	0.67	0.56	1.49	14.50	6.4	46.50
全量替代	0.72	0.54	1.50	12.92	6.4	57.67

4. 施用垫料对土壤重金属含量的影响

稻麦轮作三季后，土壤 Cr、Cu、Zn、Cd 总含量均高于实验前土壤。施垫料处理铜、锌总含量随垫料用量增加呈增加趋势，不同处理之间土壤 As、Pb 总含量差异不大，随垫料用量增加土壤镉总含量有降低趋势，土壤铬总含量随垫料用量增加显著降低(表 8－21)。

表 8－21 稻麦轮作三季后土壤重金属总量

项目	处理	Cr/(mg/kg)	Cu/(mg/kg)	Zn/(mg/kg)	As/(mg/kg)	Cd/(mg/kg)	Pb/(mg/kg)
总量	施尿素	127.77ab	30.10	49.09c	25.45	0.18ab	21.68
	1/2 替代	123.69b	32.51	56.81abc	26.08	0.18ab	20.63
	全量替代	111.20c	33.66	61.80a	25.65	0.14b	21.30
	水稻土壤	114.18	28.53	47.44	26.10	0.13	22.43
有效态	施尿素	/	4.85bc	1.29b	0.26b	0.044	1.24a
	1/2 替代	/	7.99a	5.00a	0.32a	0.047	1.01b
	全量替代	/	8.60a	6.71a	0.28b	0.045	0.99b
	水稻土壤	/	3.73	1.47	0.39a	0.041	0.83

种植三季作物后，土壤中 Cu、Zn、Cd、Pb 有效态含量均高于实验前土壤，As 则相反，土壤 Cu、Zn、As 有效态含量随垫料施用量增加显著增加，Pb 有效态含量则随垫料用量增加显著降低，Cr 有效态没有检测到。

综上试验结果，施用垫料有机肥处理的土壤全氮、磷和有机质含量及电导率均高于施尿素处理。表明施用垫料有机肥可显著改善土壤肥力。并且土壤重金属总量指标均在土壤环境质量农用地土壤污染风险管控标准(GB15618—2018)范围内。

二、稻草轮作系统下垫料有机肥对多花黑麦草产量和氮利用率的影响

试验 2018—2020 年在江苏省农业科学院溧水植物科学基地进行，试验采用完全随机区组设计，设 3 个处理：① 100%尿素；② 1/2 有机肥+1/2 尿素；③ 全量有机肥，以不施肥作对照。每处理 3 次重复，小区面积 24 m^2(4 m×6 m)。供试前作水稻品种为南粳 9108，多花黑麦草品种“TETILA”。猪发酵床腐熟垫料有机肥，由江苏省农业科学院六合有机肥厂提供有机质 272.82 g/kg，全氮 19.7 g/kg。

前作水稻采用和多花黑麦草相同施肥处理，以 225 kg/hm^2N 为基准等氮量垫料有机肥替代化肥。多花黑麦草于每年 10 月 20 日播种，条播行距 30 cm，播量 3 g/m^2。N:225 kg/hm^2，P_2O_5:45 kg/hm^2，K_2O:45 kg/hm^2，其中有机肥、磷肥及钾肥全部作基肥一次性施入，无机氮肥按生育期分次施用。

不同施肥处理对多花黑麦草干草产量的影响，如表 8-22。施肥处理显著增加多花黑麦草的干物质产量，两年的 50%有机肥处理和施尿素处理差异不显著，但显著高于全量垫料有机肥处理。适当比例的有机无机肥配施有利于多花黑麦草的生长发育，施尿素处理和 50%有

机肥处理下的饲用品质和青贮品质显著提高。

表 8－22　不同施肥处理对多花黑麦草干草产量的影响/（kg/hm²）

年份	处理	头茬草	再生草	干草产量
2019	施尿素	7388.5±308.4[A]	4240.6±13.9[b]	11813.2±322.5[A]
	50%有机肥	7351.1±17.8[A]	4424.7±14.1[a]	11591.7±3.9[A]
	100%有机肥	2563.1±166.9[B]	1845.5±14.3[c]	4408.6±152.7[B]
2020	施尿素	7250.2±29.3[A]	3135.6±3.7[b]	10385.7±32.5[A]
	50%有机肥	7042.7±69.0[A]	3246.6±42.6[a]	10289.3±83.1[A]
	100%有机肥	4750.4±145.2[B]	1925.9±45.9[c]	6676.4±191.0[B]

施肥对多花黑麦草的氮素吸收和氮素表观利用率，如表 8－23 所示。

从两年试验结果看出，与对照相比，施肥能显著提高多花黑麦草地上部分的氮素吸收量和利用率。等氮配施条件下随着有机肥配施比例的增加，多花黑麦草氮素吸收量和利用率显著下降。以施尿素处理最高，和 50%有机肥处理差异不显著，而全量有机肥处理显著降低。

表 8－23　不同施肥处理对多花黑麦草氮利用率

年份	处理	氮素积累量/（kg/ha）	氮素表观利用率/%
2019	CK	20.1±0.44e	
	施尿素	169.7±2.37b	66.5±1.05b
	50%有机肥	164.3±3.58b	64.1±1.59b
	100%有机肥	54.2±0.89d	15.2±0.39 d
2020	CK	20.6±0.93e	
	施尿素	146.8±2.08b	56.4±0.93b
	50%有机肥	127.4±2.70b	52.2±0.64b
	100%有机肥	84.9±1.89d	28.8±0.84 d

从氮肥利用效率及饲用品质等因素考虑，多花黑麦草以施氮量15 kg N/亩，和稻麦一样，以熟化垫料1/2替代化学氮均能达到纯施化肥的产量效果。

三、垫料有机肥对小麦—玉米旱作系统中小麦生长及土壤的影响

试验在小麦—玉米轮作旱作2周年之后的第三年进行小麦试验。小麦季施15 kg N/亩，玉米季施20 kg N/亩，设置不同梯度的垫料用量，试验共设3个处理，分别为：① 施尿素；② 1/2替代；③ 全量替代；3次重复。每个小区5 m×8 m。所用垫料水分含量40%～50%，全氮含量2%。

（一）熟化垫料等氮量替代化肥对小麦产量的影响

连续2年熟化垫料等氮量替代化肥后，第三年种植小麦2019产量如表8-24。施化肥和垫料1/2替代处理产量相同，而全量替代对照处理产量下降显著。

表8-24 施肥处理对小麦产量及构成的影响

处理	粒数/穗	千粒重/g	穗数/(104/亩)	产量/(kg/亩)
施尿素	32.0a	45.5b	33.75a	462.7A
1/2替代	28.9ab	51.8a	34.42a	462.0A
全量替代	22.6b	50.7a	27.88ab	291.5B

（二）重金属在小麦器官内的分配与积累

1. Cu、Zn在小麦不同器官内的分配与积累

由表8-25可知，随垫料的施用，小麦籽粒、秸秆内Cu含量均呈降低的趋势，而根中Cu含量则显著增加。不同器官之间，以根Cu含

量最高，籽粒次之，秸秆最低，Cu 主要累积在根中。

表 8－25　Cu、Zn 在小麦不同器官内的分配与积累

元素	处理	籽粒/(mg/kg)	秸秆/(mg/kg)	根/(mg/kg)
Cu	施尿素	6.02±0.22a	4.50±0.64a	9.54±1.09b
	1/2 替代	5.34±0.13a	3.51±0.04ab	12.43±2.30ab
	全量替代	4.97±0.08b	3.35±0.52b	13.32±3.41a
Zn	施尿素	30.16±2.36	12.43±1.39a	18.73±0.95a
	1/2 替代	30.21±5.00	10.29±0.85b	22.11±7.92b
	全量替代	33.51±1.25	11.29±0.86ab	22.02±6.43b

Zn 主要累积在籽粒中，和施用垫料有机肥相关性不明显。根中 Zn 含量随垫料施用量增加有增加的趋势。

2. As 在小麦不同器官内的分配与积累

由表 8－26 可知，As、Cd、Pb、Cr 都主要累积在小麦根与秸秆中，小麦籽粒中含量都最低。

As 含量在小麦籽粒、秸秆与根不同处理之间均不显著。籽粒内 As 含量均在食品安全国家标准 GB2762—2012 安全限值内（≤0.5 mg/kg）。

表 8－26　As、Cd 等在小麦不同器官内的分配与积累

元素	处理	籽粒/(mg/kg)	秸秆/(mg/kg)	根/(mg/kg)
As	施尿素	0.098±0.037	0.25±0.04	1.33±0.36
	1/2 替代	0.084±0.047	0.17±0.01	1.20±0.36
	全量替代	0.054±0.008	0.25±0.08	1.20±0.42
Cd	施尿素	0.051±0.01a	0.118±0.026a	0.121±0.02a
	1/2 替代	0.018±0.01b	0.044±0.005b	0.064±0.02b
	全量替代	0.005±0.00b	0.030±0.007b	0.066±0.01b

续表

元素	处理	籽粒/(mg/kg)	秸秆/(mg/kg)	根/(mg/kg)
Pb	施尿素	0.51±0.31a	0.92±0.20	2.20±1.07
	1/2 替代	0.25±0.22b	0.92±0.09	2.08±0.31
	全量替代	0.09±0.07b	0.99±0.36	1.80±0.35
Cr	施尿素	1.40±0.42a	24.97±3.83b	31.76±16.65b
	1/2 替代	0.97±0.54b	29.86±5.20a	46.29±18.51a
	全量替代	0.89±0.14b	26.85±9.46ab	36.67±1.67a

小麦籽粒内 Cd 含量均在食品安全标准范围内(≤0.1 mg/kg)。随熟化垫料施用量增加,籽粒、秸秆和根中 Cd 含量呈降低趋势。

施尿素、1/2 替代小麦籽粒内 Pb 含量均超过了食品安全标准限值(≤0.2 mg/kg)。随熟化垫料施用量增加,籽粒内 Pb 含量呈明显降低趋势。秸秆与根中 Pb 含量在不同处理间差异不显著,并有多量积累。

施尿素处理籽粒内 Cr 含量为 1.40 mg/kg,超过食品安全标准限值(≤1 mg/kg),而施用垫料处理在标准限值内。施用垫料处理在根与秸秆中 Cr 有累积趋势。

3. 小麦收获后土壤养分及腐殖质含量

连续施用熟化垫料 5 季后,不同处理间土壤全氮含量、全磷含量、硝态氮含量、pH 值及电导率差异均达到显著水平。土壤全氮、全磷含量均随熟化垫料施用而增加。施化肥处理硝态氮含量显著高于其他处理,土壤 pH 值、EC、土壤腐殖质全碳量则显著下降(表 8-27)。

表 8-27　小麦收获后土壤养分含量

处理	全氮/(g/kg)	全磷/(g/kg)	铵态氮/(mg/kg)	硝态氮/(mg/kg)	pH 值	EC/(μs/cm)	腐殖质全碳量/(g/kg)
施尿素	0.65b	0.52b	8.95a	9.48a	5.7a	38.65a	8.47a
1/2 替代	0.80a	0.75a	9.24a	6.81b	6.1b	70.83b	10.23b
全量替代	0.84a	0.87a	8.35a	6.62b	6.6c	83.83c	10.80b

4. 小麦收获后土壤重金属含量

小麦收获后土壤重金属含量，如表 8-28。

不同处理之间土壤 Cr、Cd 与 Pb 总含量差异不显著，但随熟化垫料施用增加有降低趋势。土壤 Cu、Zn、As 总含量有随熟化垫料施用量增加而显著增加的趋势。

不同处理土壤 Cr、Cu、Zn、Cd 以及 Pb 总含量均在土壤环境质量—农用地土壤污染风险管控标准(GB15618—2018)规定范围内。施用熟化垫料的土壤 As 总含量均超过了管控标准限值。

表 8-28　小麦收获后土壤重金属总含量/(mg/kg)

重金属	处理	Cr	Cu	Zn	As	Cd	Pb
总量	施尿素	88.02b	32.47b	50.45b	31.32bc	0.256a	21.51b
	1/2 替代	82.32b	37.04a	63.59a	45.45abc	0.202a	21.15ab
	全量替代	78.23a	37.57a	66.20a	47.46abc	0.095a	20.14ab
有效态	施尿素	−0.01	11.39c	4.19c	0.68a	0.089ab	1.29a
	1/2 替代	−0.02	15.49b	14.46b	0.53b	0.093a	1.12bc
	全量替代	−0.03	15.19b	17.02b	0.34c	0.080bc	1.17ab

土壤 Cr 有效态没有检出，土壤有效态 Cu、Zn、As、Cd 与 Pb 不同处理之间差异显著。土壤有效态 Cu、Zn 含量随熟化垫料施用量的增加而显著增加，而有效态 As、Pb 含量随熟化垫料施用量增加而显著

降低。

综合上述结果，经过2年半5季的连续施用熟化垫料进行小麦—玉米轮作，试验在施等氮量水平条件下，熟化垫料1/2替代处理即可达到纯施化肥的产量。As、Cd、Cr及Pb主要集中在小麦根与秸秆中。小麦籽粒内As、Cd含量均在食品安全国家标准食品中污染物限量(GB2762—2012)内。Zn主要累积在小麦籽粒中，而Cu在小麦籽粒随熟化垫料的施用有下降趋势。随熟化垫料的施用，不同处理土壤中Cr、Cu、Zn、Cd以及Pb总含量均在土壤环境质量标准规定范围内。

参考文献

[1] 胡海燕，于勇，张玉静，等. 发酵床养猪废弃垫料的资源化利用评价[J]. 植物营养与肥料学报，2013，19(1)：252－258.

[2] 张霞，李健，潘孝青，等. 发酵床熟化垫料重金属含量、形态及农用潜在风险分析[J]. 江苏农业学报，2020，36(05)：1212－1217.

[3] 张霞，杨杰，李健，等. 猪发酵床不同原料垫料重金属元素累积特性研究[J]. 农业环境科学学报，2013，32(1)：166－171.

[4] 张霞，李健，秦枫，等. 熟化垫料等氮量化肥对小麦产量、土壤养分及当季氮肥利用率的影响[J]. 江苏农业学报，2019，35(05)：1082－1086.

第 9 章　异位发酵床猪粪尿处理技术

要点提示

近年来，利用发酵床养殖技术控制和降低粪尿对环境的污染得到了较为广泛的研究和应用。利用如谷壳、木屑、秸秆等农业废弃物作垫料，添加微生物菌剂，对猪粪尿进行原位发酵降解，并形成有机肥的发酵床养猪技术，是一种将畜禽饲养及粪尿处理统一在养殖舍内完成的环保型饲养方式，免去冲洗猪舍产生的大量污水，达到无臭味、无排放、猪粪尿资源化利用的目的。但该技术在实际生产应用中遇到一些问题，如发酵床制作对垫料原料的需求量非常大，导致原料成本较高；传统猪舍改造成本高及养殖从业者对技术接受度低等。而猪粪处理池与发酵床结合形成异位发酵床，适合于中小规模传统猪舍养猪的粪尿处理。

第一节　异位发酵床处理粪尿的原理

异位发酵床是为适应传统养猪粪尿治理需要而建立的，是相对于原位发酵床而言的。在处理猪粪污方面，异位发酵床与原位发酵床及堆肥的原理相似，只是异位发酵床不作为猪舍养猪，而作为集中处理养猪粪尿的固体发酵池。异位发酵床由发酵槽、垫料、发酵微生物接种剂、翻堆装备、粪污管道、防雨棚等组成。异位发酵床利用谷壳、木屑、菌糠等作原料，加入微生物发酵剂，混合搅拌，铺平在发酵池内，将猪粪尿直接导入到发酵床上，利用自动翻堆机翻耙，使粪污和垫料充分搅拌混合，调整垫料湿度在40%～60%，通过搅拌增加垫料通气量，有利于发酵微生物充分发酵，分解粪污等有机物质，同时，产生较高的温度(50～60 ℃)将水分蒸发，多次导入粪尿循环发酵，最终转化产生有机肥。异位发酵床的建设和管理决定了污染治理效率和效益。

异位发酵床的技术包括：① 空气对流蒸发水分：因地制宜地建设异位发酵床，充分利用不同季节空气流向，辅助以卷帘机等可调节通风的设施，用于控制发酵床空气的流向和流速，将异位发酵床蒸发出来的水分排出；② 微生物发酵：利用粪污为微生物提供营养，促进微生物生长，在垫料中加入能促进粪尿分解和垫料发酵的有益菌，使有益菌成为优势菌群，形成阻挡有害菌的天然屏障，消除臭味，分解粪污，从而达到处理粪污的效果。

第二节　异位发酵床处理工艺

异位发酵床粪尿处理工艺，如图9-1所示。猪舍内产生的粪污通过尿泡粪，经过排粪沟进入集粪池，在集粪池内通过切割搅拌机搅拌防止沉淀，粪污切割泵打浆并抽送到喷淋池，喷淋机将粪污浆喷洒在异位发酵床上，添加微生物发酵剂，行走式翻堆机翻堆，将垫料与粪污混合发酵，分解猪粪，消除臭味。喷淋机往返式喷淋粪污，翻堆机往返式翻耙混合垫料，如此往复循环，完成粪污的处理，最终垫料作有机肥利用。

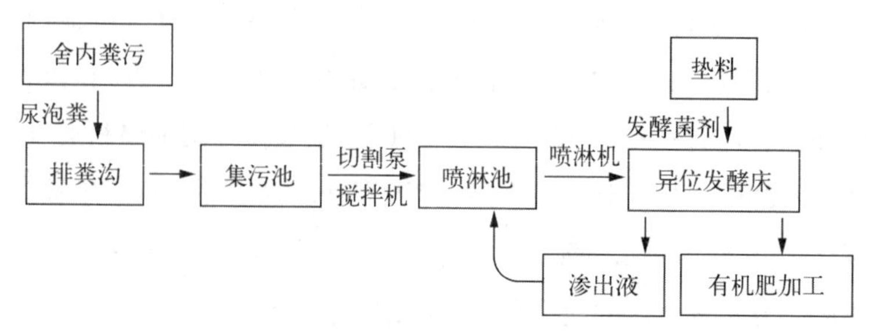

图 9-1 异位发酵床粪尿处理工艺流程

第三节 异位发酵床结构

一、异位发酵床结构

典型的异位发酵床由发酵池、翻堆机、喷淋泵等构成。发酵池宽度为 4～6 m，深度为 1.5 m，长度为 40 m(可根据需处理粪尿量而定)，一般由 4 个发酵池组成，以提高处理效率，降低处理设施成本。异位发酵床中央设喷淋池，宽度为 1 m，深度和长度与发酵池相同(图 9-2)。另为防雨水等进入发酵床，需要建设防雨钢构房或增温大棚。

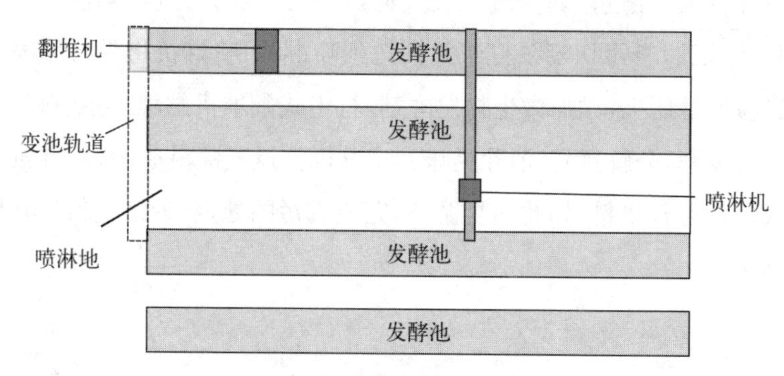

图 9-2 异位发酵床示意图

发酵池上配有依轨道行走的翻堆机。翻堆机可升降的高度为 1.0～1.5 m，行走速度为 4 m/min，发酵床的两头有变池轨道装备，可以横向运动，翻堆机通过变池轨道从一个池变轨道另一个池，继续作业。配合翻堆机的作业，在喷淋池上方配有依轨道运行的粪污浆喷淋机，进浆管口潜入喷淋池，出浆喷头安装在横跨发酵池的水管上，每个喷头对准一个发酵池，喷淋机边行走边把喷淋池中的粪污喷淋在发酵床垫料上，喷淋机与翻堆机共享同一套行走轨道，喷淋机行走速度为 4 m/min，一次作业完成一个来回的粪污浆喷淋后，喷淋机返回发酵床一端的喷淋机架上，而后翻堆机开始作业，如此往复循环，完成粪污的喷淋、翻堆混合作业。

二、 异位发酵床翻堆机选择

市售翻堆机种类很多，但多为非标产品。选用翻堆机时要注意以下几点：① 适用于畜禽粪便及其他有机废弃物的发酵翻堆，并尽可能与塑料大棚等增温发酵室配套使用，提高发酵温度。② 翻堆机要配有刀犁液压升降系统，以适应不同高度的物料翻堆。③ 翻堆机刀犁应选用弯式刀片，以利于垫料翻抛均匀充分膨松通气。④ 其他如条件允许，应选用自动控制功能好的配置，如配有软启动器，限位行程开关等，保证安全作业。

第四节　异位发酵床的运行管理

一、 异位发酵床垫料配方

各地可因地制宜选择来源广泛的垫料资源，如谷壳、木屑、菌糠、秸秆粉等，可单一或混合使用。如采用木屑、谷壳各二分之一，或木屑、谷壳和菌糠各三分之一等，加入微生物发酵剂，填入发酵池铺平。异位发酵床添加垫料可连续使用，连续出有机肥。

二、异位发酵床面积与粪尿处理能力

每吨垫料约为 3 m^3，每个月可以吸纳处理粪污 3.0 t。第 1 次可以吸纳粪污量为垫料干物质重的 10%。每天翻抛 2～3 次垫料，每吨垫料吸收污料中可蒸发水分 10%。按母猪平均粪污产生量 10 kg/头・d，每头母猪每个月的粪污量 300 kg，即每吨垫料每个月可以吸纳处理 3 头母猪产生的粪污；育肥猪每日排泄量为 6 kg/头，为母猪排泄量的 60%。

异位发酵床设施总面积估算方程：$Y=(0.78x-91.83)/4.5$，其中 Y 为面积（m^2），x 为猪头数。

第五节　异位发酵床技术的应用

异位发酵床是独立于猪舍而建造的猪粪污处理设施，适用于面积大小不同的传统猪舍，猪群不与垫料直接接触，在猪场的外围建立异位发酵床，将各个猪舍的粪污通过管道，送到异位发酵床，统一发酵处理。垫料选择范围大，发酵处理周期灵活，如需要生产有机肥，发酵时间可以控制在 45 d 左右，将有机肥取出后，补充垫料，继续运行。如果不急需有机肥，垫料可使用 1 年以上。由于该技术处于示范应用阶段，一些问题需要引起重视并解决，以保证技术实施的效果。

一、源头污水减量化

由于异位发酵床是适应于传统猪舍，又独立于猪舍而建造的猪粪污治理装备，原有水冲圈方式产生的污水量过大，而发酵床处理粪污的容量有限。因此必须对原有猪舍进行改造，最大程度从源头减少污

水产生量。① 实行完全的雨污分离，在南方多雨地区尤显重要。② 猪饮水洒落水收集分离。猪饮水过程中可产生比饮水需要量多3～4倍的洒落水，是污水增量的重要来源之一。③ 粪污收集管路和收集池防渗化。老旧猪舍粪污收集管路和收集池多简易，开放，防渗效果差。一方面长时间粪污渗漏，会影响猪场周边土壤和水环境，同时地下水位高的地区及多雨季节也会产生反渗，显著增加污水产生量。据估算，上述措施的综合应用，可减少污水产生量70%～90%。

二、发酵池建设的规范科学化

发酵池是异位发酵床的重要设施，一定程度上决定了粪污处理的效率。目前发酵池以自行建设为主，缺少科学性。① 发酵池的容积与深度。发酵池的大小要与猪场需处理的粪污产生量相匹配。发酵池深度单池以70～100 cm为宜，多池式以150 cm左右为宜。② 发酵池底固化，导流沟和集液池。前期建设的单池异位发酵床池底固化的少，极易引起污水向环境土壤的下渗，所以必须对发酵池底固化。同时要在池底设导流沟，以利导出多余污水和垫料发酵。池底要有微坡度，并在池前端设小集液池。③ 通气设置。通气设置可以增加垫料的透气性，提高粪污处理效率。通气设置可结合导流沟设置同时建设，也可单独设置。

三、异位发酵床管理

垫料管理仍然是异位发酵床管理的核心，但与原位发酵床不同的是，异位发酵床利用翻堆机进行垫料翻耙。粪污的添加量是影响发酵效果的重要原因，主要是缺少与垫料处理能力相适应的粪污添加量的控制，过量添加造成发酵床变成滤床，丧失发酵功能。因此科学制定异位发酵床的管理规程，使用者明白简单化迫在眉睫。

后 记

2017 年项目研究完成后，正值非洲猪瘟大流行，中小养猪场面临疫病流行和环境保护的双重压力，猪的生产方式在国内发生了根本性的变化。在许多发达地区，由于资本的作用，单体规模年出栏 100 万头育肥猪的超大规模猪场已不成新闻，但集中的粪尿如何使周边农地经济、安全地消纳仍是无解的问题。由于有机肥养分低，用量大，种植业从业者会很简单地和化肥比较使用的效益。著者认为发酵床养猪仍是经济相对薄弱地区中小养猪场的首选方案，在发达区域对环境有限制要求的地方也可使用该技术。一是因为其设施投入少，经济性好，同时对环境友好、无污染，符合美丽乡村建设的要求；二是动物福利好，动物健康，抗病性好，生产的畜产品符合安全优质畜产品的要求。由于猪只健康，猪对非瘟、口蹄疫等主要猪病的抗性明显增强。日本农林水产省畜产局在 2021 年发布的畜禽福利饲养指南“提高猪动物福利以提高生产性能”中，发酵床仍然是主推技术。三是养猪后的熟化垫料便于肥料化资源化利用。研究结果明确了上述三点的可靠性。

在成果应用示范的过程中，著者明显感觉到技术承接者对技术的接受度较低。由于发酵床养猪技术是一项综合种养技术，从本书的构成内容也可以看出，发酵床的管理需要丰富的农学知识和技术，而猪的饲养则需要精通动物营养和饲养等技术，同时还要将两者技术融通使用，这些都导致现有状况下发酵床养猪技术示范推广有一定难度。

党和政府非常重视新农村建设，种养结合的循环农业技术是现代农业的必然选择，同时也可以为减碳目标实现作出农业的贡献。

著 者

彩图 1-1　发酵床养猪

彩图 1-2　发酵床猪的舒适状态

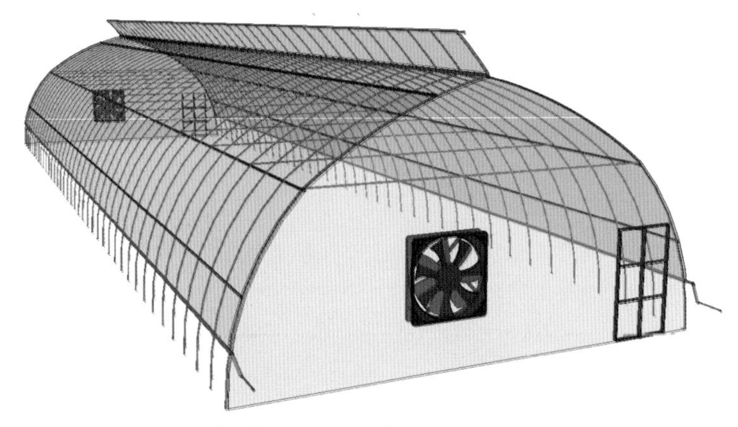

彩图 2-1　经济型大棚猪舍

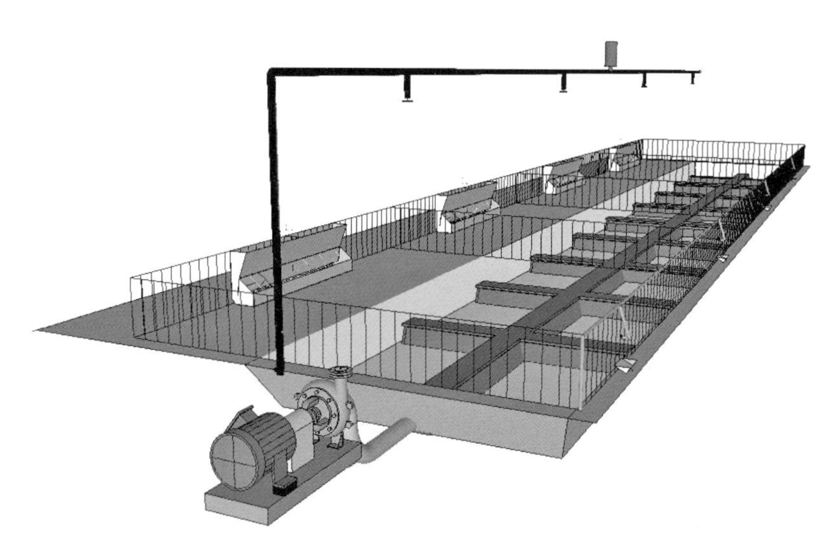

彩图 2-2　猪舍内设结构

彩图 2-3　地上式发酵床猪舍

彩图 2-4　半地下式发酵床猪舍

彩图 2－5　排风扇强制通风

彩图 2－6　饮水器和洒落水的处理

彩图 6－3　发酵床高密度通栏饲养

彩图 2－7　食槽和水泥睡台

彩图 2－8　升降式售猪台

彩图 2-9　植物覆盖棚舍

彩图 2-10　连栋大棚发酵床育肥舍外观

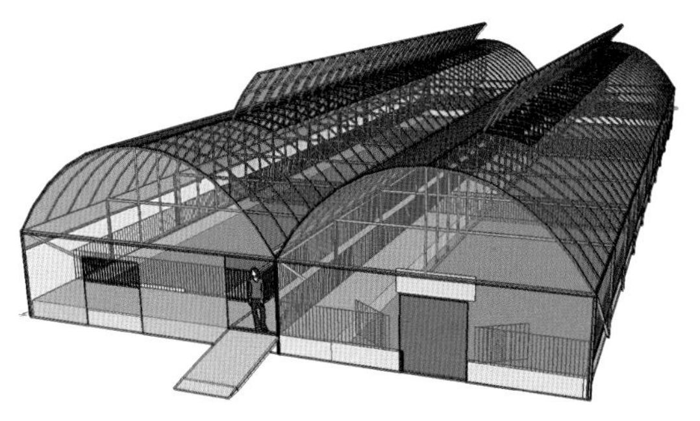

彩图 2-11　连栋大棚发酵床育肥舍示意图

彩图 2-12　双列式大棚猪舍内景

彩图 2-13　局部通风滴淋结构对猪群行为影响

彩图 2-14　高压喷雾降温系统

彩图 6-1　稻麦秸捆铺设的垫料

彩图 6-2　发酵床的湿润部